葛城奈海

Katsuragi Nami

日本を守るため、明日（あした）から戦えますか？

13歳から考える安全保障

ビジネス社

はじめに

直ちに避難。直ちに避難。直ちに建物の中、又は地下に避難してください。

ミサイルが、08時00分頃、北海道周辺に落下するものとみられます。

直ちに避難してください。


令和５年４月13日午前７時55分。テレビの画面が突如黒く切り替わり、Ｊアラート（全国瞬時警報システム）が流れました。これまでも何度かＪアラートが発出されたことはありましたが、日本の領土・領海へのミサイル落下が予測されたのは初めてです。

緊張が走りました。

避難の呼びかけやサイレン音が鳴り響いた北海道では、ＪＲや札幌市営地下鉄が運行を見合わせ、高速道路も通行止めになりました。

幸い、ミサイルは途中消滅し落下することはありませんでしたが、このとき北朝鮮が発射実験を行ったと発表したのは新型ＩＣＢＭ（大陸間弾道ミサイル）「火星18」。燃料搭載の兆候をつかみやすい従来の液体燃料式と違い、燃料を搭載した状態で管理や移動ができる固体燃料式です。このように北朝鮮は日々刻々とミサイル攻撃能力を向上させていることがわかります。

また、令和４年７月８日には、安倍晋三元総理大臣が選挙の応援演説中、公衆の面前で凶弾に倒れるという衝撃的な事件が発生しました。

一見平和に見える日本ですが、このように脅威は至る所に存在し、いつ何時平和は破られてもおかしくないということを、私達はまず認識しなければなりません。

こうした緊急事態に対して、私達にはいったいどれだけ物心の備えがあるでしょうか。「中学生や高校生には関係ない」と思うかもしれません。

でも、考えてみてください。ミサイル攻撃による損害も自然災害も時間や場所、相手を選んではくれません。令和４年２月24日、ロシアが突如ウクライナに侵攻したときも、それを予測していた人はほとんどいませんでした。戦争で犠牲になるのが軍人だけではないことを、みなさんも映像を通じて知っていると思います。

また、本書でご紹介する横田めぐみさんが北朝鮮に拉致(らち)されたのは、13歳のとき、放課後のバドミントン部の練習を終えて中学校から下校する途中でした。

「緊急事態」は、「明日の自分」に降りかかってくるかもしれないのです。

「そんなときどうやって自分の身や、家族や、自分が拠って立つ日本という国の安全を保障するか」が、まさにこの本のサブタイトルにも出てくる「安全保障」です。辞書には、「国の領土保全と政治的独立、国民の生命・財産を外部の攻撃から守ること」と書かれています（『日本大百科全書』より）。もともと安全保障といえば軍事的手段によって国家・国益を守ることが主として念頭に置かれていましたが、現在では食料安全保障、エネルギー安全保障、経済安全保障など、さまざまな分野にすそ野が広がってきました。本書では、その中でも軍事的な安全保障と食料安全保障を中心に扱っています。

概して、日本人は安全保障に対する感覚が鈍いです。長く「水と安全はタダ」と言われる幸せな時代が続いたせいかもしれません。そもそも憲法の前文に「諸国民の公正と信義に信頼して、われらの安全と生存を保持しようと決意した」と謳(うた)っていることからして、なんというおめでたい国なんだと思わざるをえません。でも、そんな「平和憲法」の裏でよく目を凝らすと、現実には拉致事件が多数発生し、領土問題も存在し続けてきたのです。にもかかわらず、私達日本人は、なぜこれほどまで安全保障に対する感性が鈍くなってしまったのでしょう。そして、その結果、客観的に見た日本の実情はどうなっていて、今後どうしていくべきなのでしょう……。

本書には、もし私が「13歳のときの私に会ったら、伝えておきたいこと」を記しました。「安全保障」という視座を持ち、何を価値あるもの・大切なものと考え、何を守るべきなのか、そのために何をしなければならないのか、みなさんが考えるきっかけになれば嬉しい限りです。

若いみなさんが、「日本人として踏まえておくべき大切なこと」を身に付け、より良い世界を創造する素敵な大人になって力強く羽ばたいてくれることを願ってやみません。

もくじ

第三章　日本はそもそもどんな国か知っていますか？

第五章　中高生が今すぐできる日本を守る方法

序章

あなたは日本が好きですか？

日本を好きになれなかった私の中高生時代

最初にみなさんへの自己紹介に変えて、私の中高生時代のことをお話しさせてください。都内の女子校に通っていた中高生時代、私は世界、とりわけアジアの人々に対して、日本人は悪いことばかりしてきたと思い込んでいました。それもそのはず、歴史の授業では「南京大虐殺」で日本軍がしたとされる、目を覆いたくなるような蛮行写真の数々をスライドで見ましたし、図書室で借りた本には、日本兵がアジアの女性たちを性的に搾取したと記されていました。

十代の多感な時期に出合ったそれらの情報はなかなかに刺激的で、知れば知るほどそんな先人たちを持つ日本人であることが恥ずかしくなりました。将来、アジアを旅行することがあったら、人々に土下座して回らなければならないような気持ちになったものです。

靖国神社に祀られる方々を「英霊」と呼ぶのにも、とても抵抗がありました。国のために戦って亡くなられたのは事実だとしても、生きている間に恥ずべき行為を働いた人たちをなぜ英雄扱いしなければならないのか、と。

実は、当時通っていた学校から靖国神社までは歩いてもほんの10分か15分ほどの距離だったのですが、そんな人たちを祀る場所に足を運ぶ気にはまったくなれませんでした。

同様に、そんな軍人が現人神（あらひとがみ）だと「妄信（もうしん）」していた天皇をはじめとする皇室も、彼らの後輩たちの集団である自衛隊も、軍国主義につながる危険な存在だと思い込み、忌避（きひ）していました。

今思えば、私は典型的な「自虐史観（じぎゃくしかん）」、つまり「自分の国に誇りを持つことができない」あるいは「持ってはいけない」という価値観に侵された少女だったのです。

キリスト教教育に抱いた共感と違和感

そうは言っても、もちろん、いつもそんなことばかり考えて暗澹（あんたん）たる日々を過ごしていたわけではありません。

中高一貫教育の私の学校では、キリスト教（プロテスタント）をベースに毎朝礼拝から始まる生活でした。

私は聖歌隊に入り、そこで歌ったり指揮者を務めたり、また有志で劇団を組んで毎年秋に行われる文化祭でミュージカルを発表したり、歌と演劇に夢中になっていました。

自由な校風も特徴で、制服を購入するしないも個人の裁量に任されていました。制服を買わなかった私は、埼玉県所沢市の自宅から片道約1時間半の道のりを、ほぼ毎日ジーパンを穿(は)いて電車通学していました。

4つしかなかった校則の1つは、校章のバッジをつけること。あとの3つは忘れてしまいました……。

ピアスをしたりパーマをかけたりすることも禁じられていませんでしたが、「自由」は「自律」とセットなのだと教えられました。

つまり、自由というのは何をしても許されるということではなく、生徒が自分自身を律することができるという前提の上に成り立っている、ということです。その前提となる精神を育むためにも、キリスト教の教育というのは役立っていたように思います。

このような環境下で高校受験をすることもなく、私はのびのびと6年間を送らせてもらいました。

聖書からも多くを学びました。一番心に残っているのは、イエス・キリストが娼婦(しょうふ)のマグダラのマリアを罵る群衆たちに「罪のない者がいれば、石を持って、この人を打て」という件です。罪のない人など、いない。だから、自分のことを棚に上げて無闇に人を罵倒したりするべきではない。「謙虚になれ」、ということだと思います。

そうやって、たくさんの心の栄養をもらい、キリスト教に魅力も感じ、いつか自分も洗礼を受けるのかなと漠然と思っていた時期もありました。が、結局、私がクリスチャンになることはありませんでした。定かな理由は自分でもわかりませんが、「なんか、しっくりこない」点があったからだと思います。その最たるものが、「絶対神」という考え方です。

学校生活を送るうちに、手を合わせて拝んでよいのは主イエス・キリストのみ（あるいは全知全能の父なる神とその子であるイエス・キリストと精霊の三者のみ）で、その他の者に手を合わせるのは「偶像崇拝」だと、いつしか思うようになっていました。そうすると、家族と神社やお寺に行っても手を合わせて拝むことに抵抗を感じるようになりました。抵抗を感じながら、そんな自分にもどこかで違和感を覚えていました。

「絶対神」から派生した「神の下の平等」という考え方のためか、私の学校では声を出して挨拶はしても、頭を下げて礼をすることがあまりありませんでした。

あるとき、妹が通っていた公立高校の式典に両親と一緒に参加して、度肝を抜かれました。式典の最中、登壇する人する人が、やたらと頭を下げてお辞儀をしたからです。

「開会の挨拶」では、大の大人が、「只今から、○○式を開会致します」と、ただその一言を言うためだけに登壇。その一言の前と後にお辞儀するのを見て、なんて格式張っているのだと、正直なところちょっと呆れてしまいました。

余談ですが、そんな環境で育った私でしたので、初めて自衛隊で「基本教練」を受け、礼は目下の者が先に頭を下げ、目上の人が頭を上げてから頭を戻すと知ったときには、またまた衝撃を受けました。

まさか、礼に順番があったとは！

これを読んでいるみなさんは、ご存じですか？

今思えば、中学高校で私が受けた教育に「日本人らしさを育むもの」はすっぽりと抜け落ちていたような気がします。

「良き市民たれ」「良き世界市民たれ」という教育はたっぷり受けてきましたが、本来もっとも大切な「良き日本人たれ」という教育を受けたと実感したのは、大学でもなく、自衛隊でのそれが初めてだったように思うのです。

戦後GHQが仕掛けた「日本を弱くするための時限爆弾」

私が通った中学高校はキリスト教をベースにしていたという点では、一般的ではなかったでしょう。ですが、公立の学校に通っていた小学生時代にも、「日本は戦争中悪いことをした」「だから原爆を落とされても仕方なかった」「原爆慰霊碑にある『過ちは繰り返しませんから』の『過ち』とは、日本が犯した『過ち』だ」と習いました。原爆によって殺されたのは、99パーセント以上が女性・子供・老人などの非戦闘員でしたから、これは、ハーグ条約・ジュネーブ条約で禁止されている行為、つまりれっきとした「国際法違反」であったにもかかわらず、です。

要は、これが戦後教育というものです。第二次世界大戦で日本と戦ったアメリカは、日本軍の将兵の戦いぶりがあまりにも勇猛果敢（ゆうもうかかん）だったことに恐れをなしました。そして、そんな日本と二度と戦わなくて済むように、「日本を弱くするための時限爆弾」を戦後の日本にたくさん仕掛けたのです。

日本人の強さの源となるような、皇室・神社・祭・軍・歴史・伝統・文化などが徐々に骨抜きになるようなその仕掛けは、ＷＧＩＰ（War Guilt Information Program：ウォー・ギルト・インフォメーション・プログラム）と呼ばれます。日本人の心に戦争についての罪悪感を植え付けるための洗脳工作でした。ＧＨＱ（連合国軍総司令部）にとって都合の悪い報道を厳しく制限するプレス・コードをはじめとして、これらは徹底した報道統制と検閲の下、日本国民にばれないように周到に緻密(ちみつ)に行われました。

プレス・コードで報道規制されたのは、次の30項目です。

①　ＳＣＡＰ（連合国軍最高司令官）に対する批判
②　極東国際軍事裁判批判
③　ＧＨＱが日本国憲法を起草したことに対する批判
④　検閲制度への言及
⑤　アメリカ合衆国への批判
⑥　ロシア（ソ連邦）への批判
⑦　英国への批判
⑧　朝鮮人への批判

⑨ 中国への批判
⑩ その他連合国への批判
⑪ 連合国一般への批判（国を特定しなくても）
⑫ 満州における日本人の取り扱いについての批判
⑬ 連合国の戦前の政策に対する批判
⑭ 第3次世界大戦への言及
⑮ 冷戦に関する言及
⑯ 戦争擁護（ようご）の宣伝
⑰ 神国日本の宣伝
⑱ 軍国主義の宣伝
⑲ ナショナリズムの宣伝
⑳ 大東亜共栄圏の宣伝
㉑ その他の宣伝
㉒ 戦争犯罪人の正当化および擁護
㉓ 占領軍兵士と日本女性との交渉

㉔ 闇市の状況
㉕ 占領軍軍隊に対する批判
㉖ 飢餓の誇張
㉗ 暴力と不穏な行動の扇動
㉘ 虚偽の報道
㉙ GHQまたは地方軍政部に対する不適切な言及
㉚ 解禁されていない報道の公表

いかがでしょう? 多岐にわたる統制の存在を知り、驚いたのは私ばかりではないと思います。これに基づき、新聞や出版物の事前検閲が厳重に行われたために、多くの日本人はそんな工作があったことすら知らないうちに、徐々に心を蝕まれていったのです。

日本人の中にも、こうした工作に自ら進んで積極的に協力した人たちがいました。例えば、戦争中に日本軍の命令で朝鮮の若い女性たちを強制連行して慰安婦にしたとする証言を数多く行い、出版物を出した吉田清治という文筆家がいました。朝日新聞や北海道新聞がこの「吉田証言」を真実として報じたため、その後「慰安婦問題」は日本と韓国との間の大きな外交問題となりました。

平成に入り、当の吉田本人がこの証言は「創作」であったことを認めています。しかし、彼を担いだ朝日新聞はその後十数年間、記事を訂正しませんでした。

そのようにして歪められた戦後の教育にどっぷりと浸かって育った人たちが、日本を好きになれるはずはありません。今ではインターネットを通じた情報も普及し、私の育った時代ほど戦後教育にどっぷりつかった若い人たちは少なくなってきたように思います。

とはいえ、現在20代以上の人で日本人であることに誇りを感じているとしたら、それはおそらく例外的な学校教育の下で育ったか、覚醒しているご両親の下、素晴らしい家庭教育を受けたか。あるいは、よほど鋭い感性を持ち、自分で気づくことができたか、のいずれかではないでしょうか？

残念ながら、私は、そのいずれでもありませんでした。が、そんな私も今では日本が大好きです。もちろん、日本が行ってきたことがすべて正しいことばかりだったとか、日本人はまったく間違いを犯したことがないとか、そんな風に思っているわけではありません。でも、総じて、日本人であることに大いに誇りを持っています。

自虐史観に侵されていた私が、どのようにして日本を好きになったのかを、次にお伝えしたいと思います。

インドネシア独立に命を捧げた日本人

日本軍は「残虐非道なことばかりしてきた」と思い込み、諸外国、特にアジアの人々への申し訳なさでいっぱいなまま社会に出てしまった私に、初めて「日本軍は、こんな良いこともした」と教えてくれたのが、2001年に公開された、インドネシア独立戦争を描いた映画『ムルデカ17805』（藤由紀夫監督）でした。

「ムルデカ」はインドネシア語で「独立」を意味し、「17805」は、皇紀2605年8月17日の数字を日・月・年の下2桁の順に表しています。

「皇紀」というのは、日本の初代天皇である神武（じんむ）天皇が即位された年を元年（紀元）とした、日本固有の暦です（厳密に言うと、「皇紀」よりも「紀元」○年と表記すべきですが、西暦の紀元との混同を避けるため、本書では皇紀と表記）。西暦で言うと、紀元前660年が皇紀元年にあたります。この日付が、実際にインドネシアの独立宣言文に記されているのです。

「ゼロ戦」という戦闘機の名前を聞いたことのある人は多いと思います。あの「ゼロ」とは皇紀2600年（1940年・昭和15年）に制式採用されたという意味だと知っていますか？　当時の軍用機は、皇紀の年数の下2桁を名前に冠する習慣があったため、「00」年に採用された戦闘機ということで零式艦上戦闘機、略して、「零戦」と書き、「ゼロせん」もしくは「れいせん」と呼ばれるようになったのです。

余談ですが、現代でも自衛隊の装備品の中には「10（ひとまる）式戦車」や「89（はちきゅう）式小銃」など制式採用された西暦の下2桁を装備の名前にするものも数多くあります。

このことからもわかるように、戦時中までは一般的に使われていた日本固有の暦「皇紀」も、戦後世代になると、その存在さえ知らない人も多いですよね。

30歳を過ぎてほどなく出合ったこの作品に描かれていたのは、それまで私のまったく知らなかった先人たちの姿でした。

インドネシアは約350年という長きにわたり、オランダの植民地になっていました。そこへ日本軍がやって来て、日本陸軍初の落下傘降下作戦でスマトラ島にあるパレンバンの油田と製油所、飛行場を占拠し、その後の戦いを優位に進めていきました。日本軍は、インドネシアが独立を果たせるように、郷土防衛義勇軍（ＰＥＴＡ）に軍事訓練を行いました。結局、残念ながら日本はオランダを含む連合国に負けてしまいました。敗戦という屈辱的な終わり方だったとしても、戦いが終わったのなら日本軍の将兵たちは祖国へ、故郷へ帰りたかったはずです。しかし、その望郷の思いを抑え、終戦後もインドネシア独立のためにインドネシア人と共に血と汗を流し、戦い続けた日本軍人が、約２０００名（約１０００名という説もあります）もいたというのです。それまでまったく考えてもみなかった事実に触れて心を打たれると共に、私は初めて自国の歴史に誇りを持てたのでした。

これを契機に、戦前・戦中とアジアや太平洋の島々のあちこちで日本が現地の人々に寄り添った統治を行い、弱肉強食だった欧米の支配とは対照的に、現地の人と兄弟のように睦（むつ）み合い、共存共栄していたことを少しずつ知るようになります。

米作りが教えてくれた「国を守る」ことの本質

この他にも、そもそもライフワークとして取り組んでいた自然環境を通じた目覚めもありました。

その話の前に、なぜ私が自然環境問題に取り組むようになったか、お伝えしたいと思います。

私の通っていた高校には「聖書」という教科があり、その「聖書」の先生に連れられて学校から徒歩10分ほどのところにある上智大学の公開講座に参加したことがありました。そこで『バナナと日本人』（鶴見良行著、岩波新書）という一冊の本に出合いました。それまで私は、バナナと言えば安くて美味しい果物だと思い、なんの気なしに食べていました。そのバナナが、実はフィリピンの農民が日本では禁じられているような毒性の強い農薬を使い自らの体は皮膚病や呼吸障害に侵されながらも生活のために必死で作っているものだと知り、強い衝撃を受けました。

それが事実なのだとしたら私はもっとその事実を知りたいし、周囲の人にも知ってもらいたいと思い、それが環境問題に関心を持つ「初めの一歩」になりました。と同時に、これは先進国と発展途上国の間にある経済格差によって生じる、いわゆる「南北問題」でもありますので、大学ではこうした問題について学びその解決方法を考えたいと思い、東京大学（以下、東大と略）の文科三類を受験しました。

東大では正式に学部に分かれるのは3年生からです。入学時には、文科一類、二類、三類、理科一類、二類、三類とざっくり分かれていて、それぞれ3年生になると文学部、経済学部、法学部、理工学部、農学部、医学部に進むことが一般的です。私の学びたい「南北問題」を学べるのは「教養学部国際関係学科」だったのですが、そこに進学するためには文科三類からというルートが一般的だったので、文科三類を志望したのです。

私が受験したのは「共通一次試験」の最後の年でした。文系志望でも国語・数学・理科・社会・英語の５教科を受けなければならないのですが、理科で（１００点満点中）32点をとってしまって「足切り」に引っ掛かり東大の試験は受験することさえできませんでした。

幸い、１浪後に無事入学することはできましたが、その2年後、学部に分かれる段になってみると教養学部国際関係学科というのは大変倍率が高く、私の成績ではまったく歯が立ちませんでした。そこで、似たようなことが学べる学部学科はないかと探したときに、農学部農業経済学科であれば私の関心に近いことが学べるし文系からの進学も可能だということがわかりました。そして、いわゆる「理転」という文系から理系への転向のような変則的な進学で私は農学部生になったのです。

もともと算数が苦手なので経済はさっぱりわかりませんでしたが、農学部そのものは実習もあり面白かったです。レイチェル・カーソンが書いた『沈黙の春』などの影響もあり、次第に私の関心は、有機農業へと軸足を移していきました。卒業論文のテーマは、「生ごみの堆肥（たいひ）化——都市と農村のリサイクルを考える」。今でこそゴミの分別は当たり前ですが、当時の日本はまだそのような社会になっていませんでした。そんな時代にあって先進的にゴミの分別収集と生ごみの堆肥化に取り組み、有機野菜を作って町民の健康に結びつけていた長野県の佐久市、臼田町（現在は佐久市）と山形県の立川町（現在は庄内町）でフィールドワークをし、論文をまとめました。今にして思えば、これが私のジャーナリストとして「初めの一歩」だったかもしれません。

こうして取り組んできた自然環境問題と「国を守ること」がどうつながったのか、次にお話ししたいと思います。

その気づきは、相続税対策などで売られてしまう狭山丘陵の森を、ナショナル・トラストでお金を出し合って購入し、里山として残す活動をしている「トトロのふるさと財団」（現・トトロのふるさと基金）の有志の方たちとの出会いによって訪れました。

私の実家は、埼玉県所沢市の狭山丘陵の一角にあります。二十代も終わりにさしかかったころ、人生初のフルマラソンに挑戦するために、「走りやすい環境」を求めてしばしば実家を拠点にトレーニングをしていました。あるとき、ジョギングの途中でたまたま見つけた田んぼが、彼らが休耕田を復活させて有機栽培で米を作っているものだとわかり、私も参加させてもらうようになったのです。

小学生時代、父の大阪転勤に伴って、私達一家はベッドタウンの奈良県奈良市で過ごしました。家の周りにはたくさん田んぼがありましたし、授業の一環で田植えや稲刈りを行っていたので、なんとなく米作りを知った気になっていました。でも、この活動に参加するようになって、なにも知らなかったことがすぐわかりました。

苗を作るために種籾(たねもみ)を蒔く「籾振り」、その苗を田植えのために苗代からとる「苗取り」、山で落ち葉を掻き集め、藁、鶏糞などを混ぜて発酵させる「堆肥作り」など、どれも初めての経験だったのです。

ある日、指導役の農家のおじいちゃんが「今日は溜め池の管理作業をします」と言うので、「管理作業って何のこと?」と思いながらついていきました。すると、田んぼから二百メートルほど小川を遡(さかのぼ)った森の中に溜め池がありました。おじいちゃんはそこで、

「木を伐(き)ります」

と言ったのです。

私は仰天しました。池に差し掛かっている幹や枝だけを伐るわけで、やみくもに伐ろうというわけではないのですが、

「狭山丘陵の自然を守りたくて活動に参加しているのに、木を伐ったら自然破壊じゃないの⁉」

と思いました。

池に差し掛かっている幹や枝を放置すると落ち葉がどんどん池に堆積して水が溜まらなくなる。水が溜まらないと米が育てられず、つまるところ人間は生きていけなくなる。それで必要最小限を伐らせてもらうのだと聞いて、なるほどと、ある程度は納得しました。

その直後に目の前で繰り広げられた光景は、私の人生の中でも忘れられないものになりました。

木を伐る前に、そのおじいちゃんが小さな器にそれぞれ米・塩・酒を入れて供え、ひざまずいて手を合わせ「命を頂きます。ありがとうございます」と感謝の祈りを捧げたのです。おじいちゃんの背中から後光が差しているように思えました。そして雷に打たれたような衝撃とともに私の中で何かつながった気がしたのです。

「これだ！　これこそが、私達日本人が伝統的に受け継いできた自然観だったのだ」と。

己の命を与えて私達人間を生かしてくれる自然に対し、古来日本人は「一木一草にも神が宿る」として感謝と畏敬の念を抱きながら向き合ってきました。だからこそ、科学技術が進んだ現代でも、緑豊かな国土で、山の幸、里の幸、海の幸を頂くことができるのだと思います。世界には、自然を征服・支配の対象として森を伐り拓いて文明を築き、いつしか自然のしっぺ返しともいうべき形で滅んでいった国々もあったのとは対照的です。また、「八百万（やおよろず）の神々」が共存するという日本の思想も、他国での「唯一絶対神」への信仰とはまったく異なります。

それにしてもこんな根源的なことになぜいい年になるまで気づかなかったのだろうと、思いました。

日本には、明治維新後の西洋近代化と戦後の高度経済成長期という2つの転機を経て、たくさん作ってたくさん買ってたくさん使うことが、いいこと、豊かであること、という欧米の価値観が流入しました。そして本来持っていた「もったいない」という価値観に、どこか古臭く、前時代的なにおいを感じるようになってしまったのではないかと思います。

本来私達が受け継いできた価値観では、お米の一粒さえ粗末にするのは「もったいない」「罰（ばち）当たりなこと」でした。それなのに、私自身、恥ずかしながら告白すれば、家族以外の人と食事をする際、「食事を残したらもったいない」とは気恥ずかしくて言えなかったことが幾度もあります。

２００４年に環境分野で初のノーベル平和賞を受賞したケニア人女性、ワンガリ・マータイさんは、翌年来日した際、「もったいない」という言葉に感動し、日本語のままで世界に広めてくれました。

当時、Reduce（リデュース：ゴミ削減）、Reuse（リユース：再利用）、Recycle（リサイクル：再資源化）という３R（アール）が地球環境をよくするために必要ということで世界的に話題になっていたのですが、日本語の「もったいない」には、たった一言でその３Rに加えて母なる地球へのRespect（リスペクト：尊敬の念）までも含まれているということが、彼女の心を捉（とら）えたのです。

昨今、国連発のSDGs（エスディージーズ：持続可能な開発目標）への関心が高まる中、「もったいない」は再び注目を集めています。気が付いたら、「もったいない」は古臭いどころか、地球規模の環境問題を解決する力を秘めた、ある意味では最先端の価値観として世界をリードしていたのです。

話を元に戻すと、伐る木の前で祈りを捧げたおじいちゃんの姿は、私の考えを大きく変えました。それまでの私は、「国を守る」とは国土や国民という形あるものを守ることだと思っていました。でももっと本質は、その国の人が先祖から連綿と受け継いできた文化や価値観、自然観、ひいては自然そのもの、ちょっとカッコつけた言い方をすればアイデンティティを受け継いでいくことなのではないかと考えるようになったのです。

そう思考がつながったとき、「本当に大事だ、国を守ることって！」と、初めて心の底から思えるようになりました。

武道を通じた気づき

自然環境を通じた気づきがあったのとほぼ同時期に武道を通じた気づきも訪れました。

高校時代は文化系女子だった私ですが、大学に入学するのと同時に合気道部に入部しました。小学生時代に読んだ下村湖人（こじん）著の児童文学『次郎物語』の中に「武士道とは、いかに死ぬかの道である」という意の『葉隠（はがくれ）』の一節が紹介されていて、子供心にそれがずっと気になっていたことが、私に武道への関心を持たせた遠因になっていたと思います。

前述のように1年間浪人生活を送ったのですが、その間に高校時代の親友が空手を始めて楽しそうにしていたので、私も大学に入ったら空手部にでも入ろうかなと思っていました。

ところが、それを浪人時代の男友達に話したら「女は合気道のほうがいいぞ」と言われ、その時に初めて「合気道」などという武道が存在することを知りました。

1浪後に無事大学に入学することができ、早速、合気道部の新入生歓迎演武会に行ってみました。

そこで、袴を穿いてふたり組で行う合気道の演武なるものを始めてみました。私の心を捉えたのはその合気道ではなく、同じ演武会の中で行われていた真剣の立ち合いでした。真剣を持ったふたりが向き合い、片方が斬りかかっていくのに対して、もうひとりがそれを捌（さば）きながら自分の真剣で相手を制していたのです。

体育館の空気が、ぴりっと張り詰めるのを感じました。その空気感に魅了され、そのまま懇親会に行きました。すると今度は、うってかわってアットホームな雰囲気で、いわゆる体育会の部活はさぞ上下関係が厳しいんだろうなと警戒していた私の心もほぐれ、そのまま入部してしまいました。

私の心を捉えたのは鹿島（かしま）の太刀（たち）という剣術で、合気道部では、純粋な合気道に加えて鹿島の太刀の稽古も行い、昇級昇段審査の時にもその両方を審査するシステムになっていました。

毎回お相撲さんのように四股（しこ）を踏むことから始まる稽古は、初めて経験する体育会系ということもあり、それなりにきつかったです。ちなみに、「合気道は力を使わないで相手を倒すので、女性や非力な人にも向いている」というのは、勧誘の際によく使われる文言なのですが、これはかなり誤解を招く、というか不正確な表現だということが後々わかってきました。

臍下（へそした）三寸、武道でいわゆる「臍下丹田（せいかたんでん）」と呼ばれる体幹の力は思いっきり使います。ただし、その力を効率的に相手に作用させるためにも四肢の力（りき）みを抜くことが不可欠です。腕力で相手をねじ伏せるわけではないので、それを「力を使わない」と表現する場合もある、というのがより実態に則した説明になります。

合気道部での時間は肉体的にはそれなりの負荷を感じながらも、それ以上に技を身に付けていくことも、体育会特有の濃厚な人間関係も楽しいものでした。年に6回も合宿があり、クラスメイトより遥かに濃い人間関係を合気道部の仲間たちとは築くことができ、今でもそのご縁はつながっています。

そんなこんなでどっぷりと合気道部にはまっていた大学生活だったのですが、当時の私はまだ「アンチ自衛隊」でした。

私の大学の合気道部では、師範が明治神宮武道場至誠館（しせいかん）の館長だった関係で、部員は自動的に至誠館での稽古（けいこ）にも通うようになりました。至誠館の道場には神棚があり、毎回稽古のはじめと終わりには「二礼二拍手一礼」の拝礼をします。前述のような中高生時代を過ごしていましたので、正直なところ、私にはそれに抵抗がありました。が、これは武術を学ぶためと割り切って周囲に合わせていました。

至誠館は「世のため国のために役立つ人材を育てよう」という趣旨で設立された道場なので、日々の稽古のほかに、数か月ごとに「武学」という座学の時間が設けられていました。そこで、それまで聞いたことのなかったような「日本」や「国」に関するお話を聞くことになったのですが、これまた当時の私にとっては「右翼的」な内容に思え、「洗脳されないぞー」と警戒しつつ正座の苦しみにも耐える時間になっていました。

しかしながら、二年三年と通ううちに、そのようなお話をしてくださる先生方の人となりも見えてくるようになりました。私が思っていた「右翼」（街宣車に乗って大音量で主張を唱えている人たち）とはどうやら違うらしい方達だとわかってくるとともに、徐々に私の警戒心も薄れていきました。

大学在学中はどっぷりはまっていた合気道部でしたが、いつの間にか義務感のようなものも感じるようになっていて、卒業と同時にいったんは道場を離れました。そして社会人になり、世間の荒波に揉まれ、いわゆるセクハラやパワハラのようなものにも遭遇し、そんなときにどれだけたくさん技を知っていてもなんの役に立たないことを痛感しました。「もっと今の私に必要な精神的なものを身につけなければ」との思いから20代の後半に再び武道を修練する必要性を感じ、至誠館に戻りました。その後の稽古に臨む気持ちは、学生時代とはまったく違うものになりました。

合気道には基本的に試合がありません（それに飽き足らずに競技合気を行っている流派もあります）。ですので、時によってはあまり効いていない先輩の技にかかって差し上げているようなこともありました。が、そんな稽古をしていては、実生活でもお世話になっている人のセクハラをかわせないということがわかりました。

道場でできていないことは実生活でもできない、という認識が明確になるとともに稽古の質も変わったような気がします。

そんなある日、ふと思いました。合気道は、合気道の技としては自分から攻撃することはしません。攻撃されたときにどう対処するかというのが基本です。自衛隊も自分から他国を攻撃することはしません。日本が危機に陥ったとき、あるいは陥りそうになったときに日本を守るのが自衛隊です。これは人から国にスケールを置き変えたら、私が学生時代にどっぷりはまっていた合気道とまったく同じなのではないかと思い当たったのです。

長年の小さな積み重ねがあったとは思いますが、私の中で明確に意識化されたのが、ちょうど自然環境を通じた気づきと同じタイミングでした。

気づいたからには即行動！　予備自衛官補第一期生から予備自衛官へ

気づいたからには、それまでと同じ生き方はできません。周りを見渡せば、過去の私と同じような考え方の人がたくさんいました。そのような人たちと自衛隊の懸け橋になれることはないかと思ったときに知人から紹介されたのが、防衛庁（当時）の市ヶ谷台ツアーの案内人のお仕事でした。

防衛庁は平成12（2000）年に、六本木から市ヶ谷に移転しました。その際に、新庁舎と市ヶ谷記念館などを案内する「市ヶ谷台ツアー」が始まり、平日の午前・午後と一日に2回のツアーを行っています。防衛庁・自衛隊の職員と共に、そのツアーを案内するのは、人材派遣会社から派遣された一般人の女性だと知り、私もそのスタッフの一員になったのです。

当初分厚いマニュアルを渡され、それを丸暗記して、お客様をご案内していましたが、慣れてくるに従い、自分の発する言葉の薄っぺらさにもやもやしてきました。そのもやもやを解消するべく、周囲にいる自衛官達に話を聞き、それを自分なりに咀嚼(そしゃく)して話したりもしていたのですが、どうもしっくりきません。そんな折、「予備自衛官補」という新しい制度が始まることを知りました。

予備自衛官は、ふだんはそれぞれの仕事をしながらいざというとき（例えば戦争が起きたり、大きな災害が発生したりしたとき）に自衛官として活動する人達のことです。それまで、予備自衛官になれるのは、元自衛官だけでした。が、時代の要求があり、私のような民間人や大学生でも3年以内に50日間の訓練を積むと予備自衛官になれるというのが新設される「予備自衛官補」制度でした。

「これだ！」と思い、早速、応募要項を取り寄せました。

当時の私は、自衛官や予備自衛官補になる試験は体力テストだけだと思っていました。ずっと武道は続けていましたので、体力ならなんとかなるだろうと思っていたのですが、応募要項を読んでびっくり。試験科目は、国語・数学・理科・社会・英語と書いてあるではありませんか！

新たに始まる制度なので、当然ながら過去問もありません。実際、試験を受けてみたら、分数が縦に重なった計算や化学反応に関する問いなど、訳のわからない問題だらけでした。なにせ分数の計算とか化学式とか、10年間一度も考えたことのないようなことがずらずら出てきたのでチンプンカンプン。これは絶対落ちたと思っていたのですが、なぜか合格していたのは小論文と面接で救ってもらったのだろうと想像しています。

そうやって、なんとか予備自衛官補の第一期生になりました。

神奈川県横須賀市にある武山駐屯地で訓練をすることになりましたが、当時はまだ制度も整っておらず、夏と冬にしか訓練がありませんでした。基本教練・精神教育・小銃の分解結合・戦闘訓練・掩体構築（塹壕掘り）・実弾射撃など4泊5日の訓練10回を夏・冬・

予備自衛官中央訓練

夏・冬・夏と5回に分けて行い、平成16年に晴れて予備自衛官に任官しました。

この訓練を通じて、初めて「良き日本人たれ」という教育を受けたと感じたのは前述の通りです。恥ずかしながら告白すれば、私はすでに30過ぎという年になっていましたが、それまで、例えば国籍不明の航空機が日本領空に近づいてきたら、航空自衛隊の戦闘機がスクランブル（緊急発進）を行い、睨（にら）みを利かせてくれていたから日々の平和が守られていた、などということに1ミリも思いを致したことがありませんでした。これは、「成人した国民」として、あまりにも恥ずかしいことであったと思います。

だから、成人するにあたり誰しも、私が予

予備自衛官の射撃訓練（写真提供：陸上自衛隊）

備自衛官補として経験した50日間程度の自衛隊訓練を受けるようにすればよいのではないかと思うようになりました。そんなことをあるとき講演会で話したら、聴講していた人から怒られました。「あなたは五体満足だからよいかもしれないけれど、そういう人ばかりでないことにも思いを致しなさい」と。なるほどと思いました。ですので、今では自衛隊訓練でなくてもよいと思っています。警察・消防・海上保安庁（海保）、あるいは福祉施設でのボランティアでも良いから、とにかく「私」を滅して、「公」に資する、ちょっと古い言葉で言うと「滅私奉公（めっしほうこう）」する一定期間を経て「成人」と認めるようにすれば、日本の社会ももう少し成熟したものになるのではないでしょうか。

予備自衛官補には、私のような「一般公募」以外に「技能公募」もあります。関心のある方は「予備自衛官補・自衛官募集ホームページ」（https://www.mod.go.jp/gsdf/jieikanbosyu/about/recruit/yobijieikanho.html）を見てください。

豆知識コラム①

通勤・通学客が狙われた「地下鉄サリン事件」

みなさんは、宗教団体・オウム真理教（Aleph［アレフ］の前身）が平成7（1995）年に起こした地下鉄サリン事件という化学剤によるテロを知っていますか？　同年3月20日午前8時頃という通勤・通学時間帯に東京都内の地下鉄の車内で、オウム真理教信者が製造した猛毒の神経ガス・サリンを散布した事件です。乗客や駅員14名が亡くなり、負傷者数は約6300名に上りました。これは教祖の麻原彰晃（しょうこう）こと松本智津夫（ちづお）の指示の下、首都を混乱させて警察の教団への強制捜査を妨害することが目的で行われたとされています。日本国内ばかりでなく、世界中を震撼（しんかん）させた事件でした。このように、自分や家族、友人がテロにいつ巻き込まれるかわかりません。

テロにはその他、爆弾テロ、銃乱射、コンピュータシステムを攻撃するサイバーテロなどもあります。

外務省の「テロの特徴と対処方法」（平成28年2月4日）には、テロ遭遇時は「爆発音・銃撃音が聞こえたら直ちに伏せる」「頑丈な建物の陰に隠れる」「人ごみを避けて将棋倒しに注意する」「マスクやハンカチなどで口と鼻を覆う」などの対処法が示されています。対テロを専門とする知人によると、こうした対処法を「知識として知っていても、ほとんどの人は行動できない」とのこと。こうした視点で学校や通学経路を見渡してみるのも大事な一歩です。

第一章

日本の領土問題を知っていますか?

1．世界と日本の領土を巡る問題

世界のあちこちに領土を巡る紛争があります。いくつかはテレビやネットニュースなどで目にしたことがあるのではないでしょうか。

アラブ人が住んでいたパレスチナに、数千年前に住んでいたユダヤ人が戻ってきて、1948年にイスラエルという国を建国。米英仏ソといった大国の国益に基づく二枚舌外交によって自治区という柵の中に追いやられたアラブ人が怒ってイスラエルを攻撃すると、当初劣勢だったイスラエルにアメリカやイギリスが支援したことで泥沼化したパレスチナ問題。

2022年2月24日、大多数の有識者の予想を裏切って突如ロシアがウクライナに侵攻して始まった戦争。遡れば2014年にプーチン大統領が軍隊を出し、黒海に突き出たウクライナ領のクリミア半島を占領してロシアに組み込んだことに端を発しています。

日本のすぐ隣には、台湾問題があります。これは、簡単に言うと、台湾が中華人民共和国（いわゆる中国）のものなのか、中華民国（今の台湾政府）のものなのか、という問題です。

中国は台湾を「不可分の領土」だと見なし、一方で台湾は、独自の憲法を持つ独立国家だと自認しています。中国の習近平国家主席は、「台湾統一は必ず果たさなければならない」と宣言し、武力行使の可能性を示唆しています。「台湾有事」が迫っているとされる所以（ゆえん）です。

実際、２０２２年8月にアメリカのペロシ下院議長が台湾を訪れたことをきっかけに中国と台湾の間で緊張が高まりました。対抗措置として中国は台湾周辺の6カ所の空と海で大規模な軍事演習を展開。その一環として、日本の排他的経済水域（ＥＥＺ）にまで弾道ミサイル5発を撃ち込んできました。台湾有事の際は、日本も他人事では済まされません。

加えて、日本自身も領土問題を抱えています。

昭和20（１９４５）年8月9日、日ソ中立条約を破って対日参戦したソ連は、日本がポツダム宣言を受諾し降伏した後も、どさくさに紛れて攻撃を続け、北方領土の国後（くなしり）・択捉（えとろふ）

島などを不法占拠しました。

昭和26年、アメリカなど48カ国と戦争状態を終わらせるサンフランシスコ講和条約を結んだ際、日本は千島列島の領有を放棄しました。しかし、国後島、択捉島、色丹島、歯舞群島の北方4島は、その千島列島には含まれず、日本固有の領土であるというのが日本政府の立場です。

終戦時には北方4島に3124世帯、17291人の日本人が暮らしていましたが、昭和23年までにソ連によって全員が強制退去させられました。今では多くのロシア人が住み着き、ロシアに実効支配されています。

島根県隠岐郡の離島、竹島については、江戸時代、17世紀のはじめから日本人が利用を始め、明治38（1905）年1月28日、閣議決定により島根県に編入しました。

アシカ漁などが活発に行われていましたが、終戦後の占領下、サンフランシスコ講和条約が効力を発する3カ月前の昭和27年1月、韓国は日本海の公海に当時の大統領の名前を冠した「李承晩ライン」という水域境界線を設定しました。

このラインの内側に竹島も含まれていたため、日本は厳重に抗議をしましたが、韓国は自国領だと主張して警備隊を置くとともに、操業した日本漁船を拿捕し続けました。昭和

40年には韓国と日韓基本条約を結んで国交を正常化したことになっていますが、現在も事実上竹島は韓国が実効支配しています。

日本は、二国間では解決が困難と考え、国際司法裁判所への付託をこれまで３度提案してきましたが、韓国はいずれもこれを拒否しています。

そして、沖縄県石垣市の離島である尖閣（せんかく）諸島の問題。国は「尖閣は日本固有の領土であり、解決すべき領土問題はそもそも存在しない」という立場をとっています。確かに、尖閣諸島は明治18年、10年をかけた調査に基づき、どこの国にも属していないことを確認したうえで、日本政府が閣議決定をして日本の領土（沖縄県）に編入しました。最盛期には２４８人の日本人が、アホウドリの羽毛の採取や鰹節（かつおぶし）の製造に従事しながら居住していました。戦後は沖縄県の一部としてアメリカの施政下にありましたが、昭和47年の沖縄返還とともに日本に戻っています。

ところが、昭和43年、国連機関によって行われた尖閣諸島付近の海底調査で石油などの地下資源が大量に埋蔵されている可能性が指摘されると、昭和45年に台湾が、続く46年には中国が領有権を主張しはじめました。そして、日本政府が尖閣諸島の魚釣島（うおつりじま）・北小島（きたこじま）・南小島（みなみこじま）を国有化した平成24（２０１２）年9月以降、中国公船の領海侵犯が急増し、今に至っています。

日本の海保も巡視船を常駐させて対抗してはいますが、一方で尖閣の島々に日本人が上陸することは日本政府によって禁じられています。じわじわと中国の影響力が強まっている現実を直視すれば、「領土問題は存在しない」などとは言っていられないはずです。

「このままでは尖閣が、北方領土や竹島のようになってしまう」という強い危機感を私は抱いています。そのように思うようになった経緯を、次にお伝えしましょう。

2. 尖閣諸島――私の体験と現状

日本の「事なかれ対応」が引き起こした尖閣漁船衝突事件

平成22（2010）年9月7日、私にとって人生の大きな転機となる事件が沖縄県石垣市の尖閣諸島で起きました。「尖閣漁船衝突事件」です。

中国の漁船が海保の巡視船2隻に意図的に体当たりしてきたのです。当然ながら現場の海上保安官たちは、日本の威信をかけて船長以下乗組員全員を逮捕しました。しかしその17日後、那覇地検が「国民への影響や、今後の日中関係を考慮して、船長を処分保留のまま釈放する」と発表、翌日未明に船長は石垣空港からチャーター機で凱旋帰国しました。

逮捕にあたっては海に投げ出された海上保安官が中国船にひき殺されそうになったとい

う噂まであったのですが、政府は頑なに現場映像の公開を渋りました。海上保安官たちは、どんなに無念だったことでしょう。

当時政権を握っていたのは、菅直人内閣総理大臣率いる民主党でした。

「今後の日中関係を考慮して」とは即ち「日中関係に波風立てないように」ということ。それはとどのつまり、「中国の意のままになることを甘んじて受け入れろ」というのと同じです。国を背負うものとしての誇りと責任が微塵も感じられない判断でした。一連の対応に、いったい誰のための政府なのかと強い憤りを感じました。

尖閣漁船衝突事件での日本の対応を見てのことでしょう、同年11月1日、メドベージェフ・ロシア大統領が北方領土の国後島を訪問しました。そのまさに同日、一部の国会議員に6分50秒に編集した尖閣ビデオが公開され、その3日後の11月4日深夜、YouTube上に約44分の映像が流出したのです。

ここから始まった各メディアの報道は、「公務員であるにもかかわらずこのように秘密を漏洩したのはどこの誰だ」という「犯人捜し」一辺倒でした。義憤に燃え、職を賭して映像を流出させたのは、現役の海上保安官（当時）でした。彼の行動を百歩譲って「小さな罪」だとしても、そこにスポットライトを当てて次元の違う「大きな罪」を犯した政府から国民の目を逸らせようという意図を、感じずにいられませんでした。政府が隠そうとした映像を公開し、尖閣で起きた事実を国民に知らしめた海上保安官・一色正春さんは、私からすれば、むしろ英雄です。

この映像で現実を目の当たりにした国民は衝撃を受け、当時の民主党政権に対する抗議の声が湧き上がりました。「尖閣を守ろう」という街頭署名、デモ行進、そして募金活動。特に、当時の石原慎太郎都知事による尖閣諸島を東京都で購入しようという呼びかけには、14億円にも上る寄付が集まりました。その後、私は一色さんからいろいろ教えて頂くようになりました。

「尖閣事件はなにも民主党政権だけのせいではないんですよ。それまでの長い長い自民党政権の間、中国漁船に対してずっと事なかれ対応してきた結果なんです。中国漁船だって、いきなり衝突してきたわけじゃありません。日本の排他的経済水域から接続水域に入り領海に入っても日本はろくな対応をしてこない。じゃあということで領海内でも漁を始め、ついに体当たりしてきた。映像をよく見ると、衝突してきた漁船以外にもたくさんの中国漁船が近くにいるのがわかります」。この一色さんの言葉に私はハッとしました。

これぞ戦後体制なのです。

中国漁船に毅然とした態度をとったら戦争になってしまうかもしれない。戦争になるくらいなら事なかれ対応で済ませておいたほうがいい……。そうやって日本が長い間、腑抜けた対応してきた結果が尖閣漁船衝突事件だと言えます。これまで明るみに出なかっただけで、同じようなことがあちこちで起きていたのかもしれません。

「この千載一遇のチャンスを、日本が戦後体制から脱するためのトリガー（引き金）にしなければ、もう二度と、日本は真の意味での自立国として再生することはできないのではないか」。そう思った私は、決めました。

「そうだ、尖閣に行こう」

尖閣は想像以上に遠かった

尖閣諸島に行くには、まず沖縄県の石垣島まで飛行機で飛び、そこから北北西に90海里（約170キロメートル）、東シナ海を渡って行かなければなりません。どうやって行こうかと思っていたところ、日本文化チャンネル桜の水島総社長が「頑張れ日本！　全国行動委員会」として「国がこんなに体たらくなのであれば、国民の手で尖閣を守ろう！」と

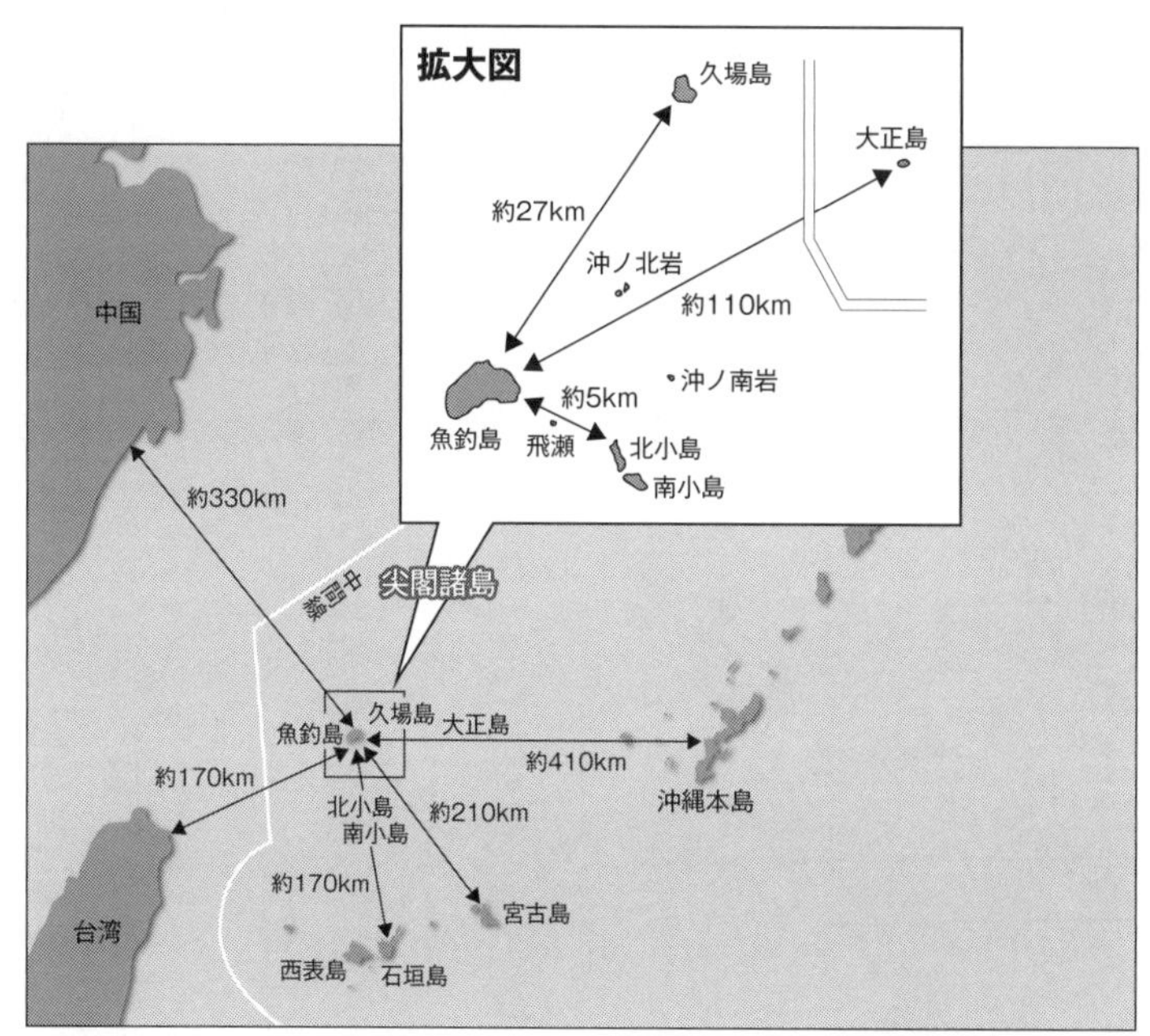

領海：領土から約 22km（12 海里）の海域で、日本の法律を適用。

接続水域：領海の外側から、領土から約 44km（24 海里）までの海域。外国船は自由に航行できるが、密漁、密輸や軍事的な目的を持っていそうな怪しい船には領海に近づかないように警告・監視ができる。

排他的経済水域（EZZ）：領土から約 370.4km（200 海里）の海域。領海や接続水域を含む。魚などの漁業資源やレアメタルやメタンハイドレートなどの鉱物資源には日本の法律を適用。日本の許可がなければ取り締まりの対象となる。

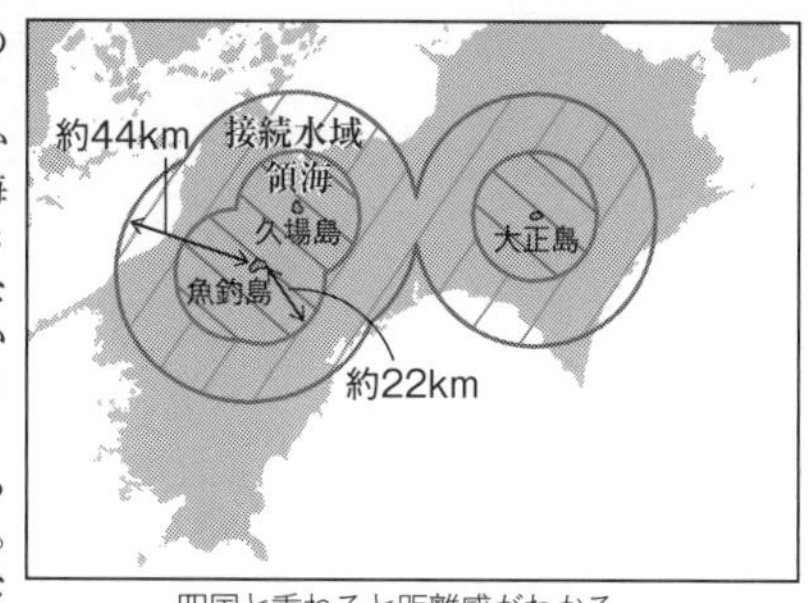

四国と重ねると距離感がわかる。

尖閣諸島

「国土交通白書 2021」（mlit.go.jp）を参考に作成。

呼びかけてくださいました。集まった浄財で漁船を購入でき、これを「第一桜丸」と名付け、石垣島の漁師さんたちとともに平成23（２０１１）年7月3日、尖閣へと向かったのです。

しかし、諸般の事情により、このとき私が同行を許されたのは伴走船での20海里まででした。距離感がよくわからないままに行き、「はい、ここが20海里」と言われたところで振り返ると石垣島はまだそこにありました。1海里は１８５２メートル。領海は12海里ですから約22キロメートルですが、この経験を通じて領海の12海里がいかに陸から近いかを実感しました。

つまり、「領海侵犯」とは自分の家の庭先に知らない人が勝手に入ってきてずかずかと歩き回っているようなものなのです。

私が実際に初めて尖閣諸島をこの目で見たのは、事件から1年と少し経った平成23年11月1日でした。

10月24日に石垣入りし、波が穏やかになるのを待ったのですがなかなか収まらないので、7・9トンの第一桜丸とほぼ同じ大きさの良福丸の2隻で出航することになりました。

11月1日午前3時、石垣島の南側にある新川漁港から出航。同乗しているのは、石垣の海人、吉本晴一さんと大嶺直也くん、水島総社長と阿久津有亮カメラマン、そして尖閣に上陸経験のある報道写真家の山本皓一さんです。バラバラと雨が降ってきて、ほどなくすると吉本船長から「時化てるから予想よりだいぶ時間かかるよ」と声がかかりました。30分ほどして外海に出ると、波高は3・5メートルありました。「木の葉のように」を通り越し、まるで自分がビニール袋の中に入った小石になって、1波ごとに海面に打ちつけられているかのように感じられました。

船内に椅子を持ち込んで座っていたのですが、しがみつく場所もなく、横にある船窓のサッシを必死で指で摘まんで激しい揺れに耐えました。窓の鍵に何度も頭をぶつけましたし、後ろを振り向こうものならそれだけで体が吹っとんでいきそうでした。船酔いして移動だけで使い物にならなくなっては行く意味がありません。なんとか正気を保とうと努めました。私の人生の中で、もっとも「まなじりを決した」一夜であったと思います。

波に翻弄されること約10時間、天候も海況も回復しつつあり、遠く水平線上にぽかりと浮かぶ大正島が見えました。尖閣諸島は5つの島と3つの岩礁から成っているのですが、大正島は魚釣島から東北東の方角に約110キロメートル、もっとも東に位置し、映像などで紹介されることも滅多にない「知られざる島」です。

さらに約1時間後、目前にまで近づいた大正島は、岩肌が剝き出しで植物がほとんど生えていない、老獪な印象を与える岩の島でした。カツオドリのほかたくさんの鳥が舞い、あちこちで岩が白いとろろ昆布状になっていると思ったら、それは鳥の糞でした。南側から時計回りに1周すると、北西部の低いところに一部赤くなっている地層がありました。これが、大正島を別名「赤尾嶼」という由来です。

引き縄で獲ったツムブリとバラハタを甲板上で海人ふたりが慣れた手つきで捌いてくれました。初めて食べる尖閣の魚の刺身は感慨も相まって美味しかったです。2時間ほどで大正島から西の久場島へ移動し始め、1時間20分ほどで到着した久場島は別名を「黄尾嶼」。大正島とは対照的に島の名前の由来にもなっているクバの木に覆われ、緑豊かでたおやかな印象の島でした。

18時過ぎに帰路に着き、左に石垣、右に西表島の灯りが見えてきたのは日付が変わる頃。「あと30分」というところで初めて船室の窓を開けたのですが、その時に吹き込んできた風の心地よさといったら！

いつしか天候も回復していて、行く手にはオリオン座が輝いていました。2日午前1時

40分。登野城漁港に帰港。良福丸は既に接岸していて、サワラ、イソマグロ、カツオ、キハダなど見事な釣果をあげていました。翌日、出航を見合わせた漁師たちから「ホントに行ってきたの？」と目を丸くされたことを今でもよく覚えています。

荒海の洗礼を受けた初の尖閣行きで急務と感じたことがふたつありました。

ひとつは、船溜まりの整備。尖閣は絶海の孤島です。ひとたび出航してしまうと全く羽を休める場所がありません。漁師たちによると尖閣での漁は2泊3日で行うことが多く、夜は錨を降ろして休むこともありますが、時には島から「おろし風」が吹き、いつの間にか船体が島に吸い寄せられて危険な思いをしています。安心して休めるよう、港とまではいかなくともせめて船溜まりの整備くらいは早急に行うべきでしょう。

もうひとつは、通信基地の整備です。僚船である良福丸とは出航後ほどなく無線が通じなくなってしまいました。荒れた海で互いの安否がわからないのは大変心配でした。幸い、海保の巡視船みずきが良福丸からの伝言を衛星電話で中継してくれましたが、魚釣島に通信施設があれば漁師たちも安心して操業できると思います。

国有化前の尖閣の豊かな海を体験

私が石垣から尖閣へと出航した回数は20回ほど、実際に尖閣海域まで達したのは15回です。桜丸をふだん管理してくれている砂川幸徳さんは、潜り漁をメインにする漁師で、ダイビングのインストラクターでもあります。その親分肌で人望も厚い「幸ちゃん」こと幸徳さんと徳次郎、幸三、忠賜（ただし）さんという三人の弟たち、息子の晃輝（てるき）さんらが中心となり、潜り漁をメインに1本釣りや引き縄という漁法で魚を獲っています。

尖閣に行くたびに豊かな海を実感しました。驚いたのはサワラの大きさ。サワラといえばせいぜい50～60センチメートルほどだと思ってい

尖閣の海の幸

ましたが、尖閣のサワラはゆうにその倍以上あるのです。港に戻って刺身にして食べたらもっちりとして甘く、ほっぺたが落ちそうなほど美味しかったです。尖閣の代表的な魚は高級魚のアカマチ（別名オナガダイ）。他にもクエ、マグロ、カツオ、ヒラマチ、ビタロー……。一本釣りで、1時間半ほどの格闘のうえ、釣り人憧れの魚と言われるＧＴ（ジーティー）ことロウニンアジが海面近くに上がってきたときには、まるで畳がヒラヒラしているかのようでした。

私自身が釣り上げたもので思い出深いのは体長40～50センチメートルほどあるアカレイという赤い魚。年甲斐もなく「やったー！」と喜んでいたら毒魚でした……。

それから夜光貝も採れます。正倉院御物などにも「螺鈿（らでん）」として使われている、七色に輝くあの貝です。外観は巨大なサザエのような形状ですが、尖閣のものは大人の頭ほどの大きさがあり、バター焼きにすると絶品でした。

15回の尖閣行きの中で特に印象深かったのは、平成24（２０１２）年9月1日、当時尖閣諸島の購入を公言していた東京都が約２４７４４トンもある大きなサルベージ船・航洋丸をチャーターして調査団を送ったときです。

調査団を追いかけるようにして第一桜丸も出航しました。東京都の調査団の各種専門家が魚釣島と南北小島の周囲で調査を行った様子は、東京都の「尖閣諸島ホームページ」に写真や動画とともに掲載されているので、誰でも見ることができます。調査団は日没前に石垣へと帰って行きましたが、私たちは尖閣海域に残り、尖閣の５つの島、魚釣島・北小島・南小島・久場島・大正島と３つの岩礁、沖の北岩、沖の南岩、飛瀬（とびせ）、すべてを回りました。

北小島と南小島の間にある水路は幅は狭いところで約２００メートル、長さは４００～５００メートルで水深が浅いため、明るい水色をした海面から海底まで見通せそうなほどの美しさでした。島々にも肉薄でき、魚釣島にはかつて鰹節工場があったときにつくられた石垣や水子地蔵の供養碑、野生化したヤギ、北小島には漂着した難破船や大きな流木、久場島の漂着ゴミなども手に取るように見ることができました。この時の船長、吉本晴一さんによると、北小島の平坦地には墓地があり、南小島の平坦地には人が生活していた跡があったそうです。ちなみに、南小島の南端にひときわ尖った岩が屹立（きつりつ）しているのが「尖閣」の名前の由来だといわれています。

実は、この前月の8月15日に香港の「保釣（ほちょう）行動委員会」の活動家ら14人が乗船している抗議船が日本の領海内に侵入し、内７人が魚釣島に上陸したという事件がありました。

警察と海保に逮捕された14人は、上陸する際に抗議船の進路規制を行う海保の巡視船に煉瓦（れんが）やコンクリート片などを投げつけていたにもかかわらず起訴されず、全員の強制送還手続きがとられました。国はまたしてもあっさり釈放したのです。これに抗議するため、水島さんをはじめとする我々の仲間10人が8月19日に魚釣島に上陸しました。海外出張中だった私はそこに居合わせることができず、大変悔しい思いをしました。

　そんなこともあり、それから半月ほど後だったこのとき、私は岩礁のひとつ、沖の南岩に上陸しようと思いました。

　船室で着替え始めたところ海保との調整役を務めるスタッフから「今後のこともあるので、上陸は思いとどまって」と言われ、ならばせめて尖閣で泳いでみようと海に入りました。沖の南岩のすぐそばで比較的穏やかな海面を選んで入水したのですが、泳いでいるつもりが海中の景色が変わりません。予想以上に潮の流れがあり、無意識のうちにそれに抗して泳いでいていっこうに進んでいなかったのです。体長20センチメートルのほどの尾びれだけが青い黄色い魚がたくさん泳いでいてきれいでしたが、私の泳力で長居は危険と思い、早々に船に戻りました。

　久場島近くで夕暮れ時を迎え、水平線へと沈みゆく太陽から西日を浴びながら、持参した龍笛(りゅうてき)（雅楽の横笛）で「君が代」を吹奏しました。尖閣海域では、終戦間際に第一千早丸と第五千早丸という老人と婦女子１８０名余を乗せた2隻の疎開船が米軍の機銃掃射を浴び、多くの犠牲者を出しています。彼らの御魂に届くようにと思いを込めました。

その後、北小島の島陰で夜を明かすことにしました。聞こえてくるのは穏やかに船腹を打つ波音と海鳥たちの鳴き声のみ。ここは、カツオドリ、アジサシなど鳥たちの楽園です。かつて尖閣諸島にはアホウドリがたくさんいて、その羽毛が日露戦争の折に兵隊の防寒着として役立ったといいます。満月のあかりに照らされながら、男たちは夜釣りで50匹ほどを釣り上げ、竿にかかった魚を追いかけてきたサメを10匹ほど駆除したと聞き、サメの多い海域であることを実感しました。

夜明け前に大正島を目指して出発、刻々と色を変える薄明の空にシルエットで浮かび上がった大正島はおどろおどろしかったです。が、岩と岩の間から太陽が昇ってくるとそれはそれは神々しく、思わず手を合わせずにはいられませんでした。

これが、島々に肉薄できた最後の尖閣行きとなりました。

魚釣島への第一桜丸の接近を阻む海上保安庁

国有化で遠のいた尖閣

平成24（２０１２）年9月11日、私有地だった尖閣諸島の3島、魚釣島、北小島、南小島を国が20億５０００万円で購入、国有化したと突然発表しました。寝耳に水でした。

石原慎太郎都知事が同年4月に都による購入を発表、10日前に都の調査団が尖閣で調査するのを目の当たりにしたばかりでした。東京都の購入で日中間の摩擦が大きくなると恐れた野田佳彦政権が先手を打ったのであろうことは想像に難くありません。以来、中国公船が現れるようになりました。

国有化後に初めて行った平成25年1月、既に中国公船は島までの距離も我々漁船との距離も3海里まで詰めてきました。そして、驚いたことに、海保は私たち日本漁船に、巡視船の電光掲示と、巡視船から降ろされたゴムボートからの拡声器で「尖閣諸島の1海里以内に入ることは政府により禁止されています」と呼びかけてきたのです。

幸ちゃん達が一番したい潜り漁はボンベを背負い水中銃で魚を撃って獲る漁です。珊瑚礁や岩礁のある浅い海でしかできません。1海里離れると海はぐっと深くなってしまいます。したがって獲れる魚の種類も量も激減してしまいました。

日本漁船に対する海保の過剰警備は次第にエスカレートし、同年3月には2海里以内に入ることを禁じてきました。

翌4月に集団漁業活動として10隻で訪れたときには、制限海域が2海里から1海里には戻されたものの、8隻の中国公船が領海に侵入してきました。公船が距離を詰めてくると、海保は「危ないですから、逃げてください」と私達に言うのです。おかしな話だと思いませんか？　尖閣が日本の領土領海なら「我々が守りますから、みなさんは安心して漁をしてください」と言うべきではないでしょうか。水島さんを中心に問題提起したところ、次第に海保は「逃げてください」とは言わなくなりました。

翌5月には、私達の漁船が4隻、中国公船は3隻でした。

そして、7月1日未明。4隻で出航し、いつものように夜明け前に南北小島および魚釣島前の海域に達しました。いつものように「尖閣諸島への上陸は政府により禁止されています。尖閣諸島の1海里以内に接近しないでください」と巡視船のばるが電光掲示に緑色の文字で伝えてくると共に、巡視船から降ろされた小型船やゴムボートに乗った海上保安官も拡声器を使って同様に呼びかけてきます。ほどなくして海保から「中国公船が接近していますので、気を付けてください」と連絡が入ったタイミングで、大きな中国公船「海監51」が視界に入り、目の前、魚釣島すれすれのところを悠々と横切っていくではありませんか。

続いて、このひと月前に鳴り物入りで就役した最新艦「海監5001」も大きな顔で島の前を横切っていきます。付近には「海監23」「海監49」もいます。「海監51」はご丁寧に再び戻ってきて、これ見よがしに私たちの前を横切りました。魚釣島に一番近いのは、中国公船、その外側に海保の巡視船、その外側に海保のゴムボート、そして私たち日本漁船。この状況を第三者が客観的に見たら、魚釣島はどこの国の島に見えるでしょうか。

日本の海のお巡りさんが日本人の接近を阻止している内側で、中国公船が私達をあざ笑うかのように何度も行ったり来たりしているのです。誰がどう見ても、魚釣島は中国の島にしか見えないはずです。このとき領海に侵入した中国公船は4隻、国有化後50回目となる領海侵犯でした。いったいこの国に、国土や国民を守る気はあるのでしょうか？

次はひょっとしたらまた中国人が上陸したり、数百隻の大漁船団が押し寄せてきたりするかもしれないと警戒していたら、その次からすっと中国公船は引いてしまい、直後の回には公船は現れませんでした。

残念ながら証拠はありませんが、アメリカが日中両国に圧力をかけたに違いないと私は思いました。常々アメリカは、尖閣は安保条約第5条の適用範囲なので、いざというときにはアメリカが日本を守ると言っています。日中が適度にいがみあっていてくれる分には武器や装備品も売れて好都合ですが、それを越えて、現実に米軍を出してまで日本を助ける状況は極力避けたいに違いありません。

平成24年12月、安倍晋三首相が返り咲き、政権が再び自民党に戻り、少し対応がマシになるかと期待しました。が、平成26年春、水産庁が突如規制を始め、私達は石垣島から出港さえできなくなってしまいました。それまで私達は「漁業見習い」として漁船に乗ってきたのですが、水産庁は我々を「漁業見習い」とは認められないと言ってきたのです。納得できずに猛抗議したところ、同年8月に1度だけ出港の許可が下りましたが、それが最後になりました。

海保は中国公船にアリバイ作り程度に領海外への退去を呼びかけはするものの、実質的には事なかれ対応に終始し、日本漁船を尖閣の島々に接近させません。それは中国の増長を手助けすることにつながります。命令とはいえ、真に国を思う海上保安官ならやりきれないでしょう。

「主権、領土、領海を守りぬくことは、自由民主党が国民から課せられた使命です」。平成28年1月14日、『尖閣諸島開拓の日式典』に寄せられた、安倍首相のメッセージが虚しく響きました。政治家には、ぜひ現場を見てもらいたいと強く思います。

尖閣で起きている環境問題

尖閣諸島は東シナ海に浮かぶ絶海の孤島ですから、生物学上も貴重な生物たちが生息・生育しています。

昭和27〜54（1952〜79）年の調査では魚釣島で植物416種、動物332種、北小島、南小島、久場島を含めると植物４３６種、動物４７２種が記録されており、その多くが絶滅危惧種に指定されています。尖閣諸島にしか存在しないセンカクモグラ、センカクサワガニ、センカクツツジ、センカクオトギリ、センカクハマサジ、センカクトロロアオイといった固有種も存在しています。

しかし、野生化したヤギにより生態系が破壊され、こうした固有種が危機に瀕しています。もともと尖閣諸島にヤギはいませんでした。昭和53年、魚釣島に灯台を建設しその後保守点検に通っていた保守系の団体が、非常時の食料用に雌雄一対のヤギを持ち込みました。ヤギは繁殖力の強い動物です。２頭が数百頭にまで増え、一説には今や千頭に上るとまで言われています。その結果、希少な固有種がヤギに食べられたり、エサや住処(すみか)を奪われたりして絶滅の危機に瀕しているのです。私の目から見ても岩肌剥き出しになっている箇所が明らかに増え、日に日に緑が失われていっていますので、ヤギの駆除は急務です。

ヤギ以外の環境問題として、魚釣島、久場島を中心とした漂着ゴミが挙げられます。漂着ゴミで多いのは漁具や発泡スチロール（魚を入れるもの）、ペットボトルなどです。これらは強い日差しと潮で分解されるとマイクロプラスチックという、直径5ミリメートル以下の微小なプラスチックになります。

私は南西諸島の西表島、小浜島、石垣島、福岡県の宗像市、長崎県の対馬で漂着ゴミの清掃や調査を行ってきました。あまり目に付かなくても、植物の根元に絡んだり、波の圧力で岩の合間深くに挟まっていたり、砂に埋まって一部だけが見えていたりするゴミは引っ張り出すのが大変です。さらにマイクロプラスチックになってしまうと回収は困難です。これを魚やヤドカリなどがエサと間違えて食べてしまうと、海の生態系に影響を与えるばかりか食物連鎖で巡り巡って人間の体内にも取り込まれ、人間の健康も脅かされます。

平成30（2018）年の宗像国際環

西表島鹿川湾での漂着ゴミ清掃（平成27年10月撮影）

境会議では、既に「世界の海はマイクロプラスチックのスープのようになっている」と報告されました。ゴミを出さない社会システムを構築することが急がれますが、それまでの間、既にあるゴミは極力回収しなければなりません。

尖閣諸島の漂着ゴミの回収方法には、西表島の南にある鹿川（かのかわ）湾で行われている官民協同での漂着ゴミ清掃が参考になると思います。海岸ギリギリまでジャングルに覆われた鹿川湾には陸路がつながっていません。西側の集落から漁船で島民を、東側の石垣島から海保が巡視艇を出して往路は人、帰路は人と回収したゴミを運ぶ取り組みで、八重山（やえやま）諸島の海洋環境保全を目的に海保などの行政機関や民間団体、個人が連携している八重山環境ネットワークが行っています。尖閣では巡視船がボランティアと回収したゴミを輸送して漂着ゴミ清掃をすればよいのではないかと思います。

令和5（2023）年1月末、石垣市が1海里沖の洋上から環境調査を行いました。そこでも、増えすぎたヤギによって山肌の裸地化、崩落がさらに進み、海岸に漂着ゴミが堆積していることが確認されています。政府は「島の平穏かつ安定的な維持管理」を理由に日本人の上陸を認めていませんが、このまま放置すれば尖閣の固有種は絶滅し、漂着ゴミによる環境汚染が広がるばかりです。

中国の「領海侵犯」を許してはいけない

中国公船の日本の領海への侵犯は日常化しています。本来異常なことなのですが、「異常が日常」になり、日本人の感覚も麻痺してしまっているのです。

令和3（2021）年2月1日、中国の海上警備を担う海警局に武器使用の権限を付与した海警法が施行されました。中国公船が事実上武装し、沿岸警備隊に見せかけた「軍艦」になったのです。中国のいう「領海」で「不法操業」する漁船への武器使用も辞さないという中国に、尖閣で操業する日本漁船が攻撃される可能性もあります。

中国は平成25（2013）年11月23日、尖閣上空に防空識別圏を設定しました。防空識別圏とは、各国が領空を守る必要性からその外側に設定したエリアです。航空機はスピードが速いので領空に入られてから対処したのではとても間に合いません。ですから、領空侵犯の危険性がある航空機に対しては、軍事的な予防措置、つまり日本であれば航空自衛隊が緊急発進（スクランブル）を行って睨みを利かせています。中国による防空識別圏設定以降、メディアのヘリは尖閣上空を一切飛ばなくなりました。これによって、民間のメディアは国の機関が発表する情報に頼らざるを得なくなりました。つまり、都合の悪い情報は国民に知らされない可能性があるということになります。

平成26年末に、小笠原(おがさわら)諸島周辺海域に中国から212隻の漁船団が押し寄せ、赤珊瑚を密漁するという事件が起きました。珊瑚は育つのにとても時間がかかります。その後、小笠原でも漁師たちに話を聞きました。彼らは「たとえて言うなら、自分たちは箒(ほうき)で掃くような漁をしている。対照的に、中国漁船は、掃除機を横一列に隙間なく並べて一気に吸い取っていくような漁の仕方をしていた」と言います。子孫を思い、大切に育てながら計画的に採っていた珊瑚をボロボロにされた漁師たちは、どれだけ胸を痛めたことでしょう。

平成28年8月5～9日には、中国漁船200～300隻が尖閣海域に集結する中、中国公船も延べ28隻が領海侵犯（接続水域に同時入域した公船は最大15隻）してきました。

この年に大ヒットした映画『シン・ゴジラ』には、深く考えさせられました。ゴジラというとそれまでなんとなく子供向け映画の印象を持っていた私でしたが、この作品は安全保障を考える大人にもぜひ観てもらいたいと思っています。

東京湾に出現したゴジラに右往左往する政治家たち。前代未聞の事態に適用法令がないという理由で自衛隊の出動を決断しかねるうちに、ゴジラは想定外の進化を遂げます。ようやく自衛隊が出動し、対戦車ヘリでゴジラを射撃する許可を求めますが、同時に避難し遅れた住民2名が見つかり、「射撃に伴う損害として住民2名の生命は許容できない」との政治判断で射撃は中止されます。2名の命を守った決断で、その後、桁違いに多くの国民の命を奪うことになる。事の軽重を冷静に見極め、時に覚悟を持って非情な判断を下さなければならない政治決断の重さと困難さがリアリティをもって伝わってきました。今の日本に通じる弱点と、それによって引き起こされる危機を見事に浮き彫りにしています。

そして思いました。毅然とした決断が遅れるとどうなるのか。『シン・ゴジラ』では進化したゴジラに日本の陸海空自衛隊の総力による攻撃はまったく歯が立たず、ついにはアメリカを中心とした多国籍軍が出動してきます。映画の中のこととはいえ、屈辱感で涙が溢れました。

他の国なら領海侵犯に対してどう動くのか

弱腰な対応に終始している日本政府ですが、同様のケースに各国はどのような対応をしているのか、見てみましょう。

インドネシアでは、スシ・プジアストゥティという女性の水産大臣が、中国をはじめとする外国の違法操業船を排他的経済水域でさえ検挙し、拿捕した船は爆破しています。「インドネシアを舐めるなよ」と、行動で示しているのです。

パラオ共和国という、人口が2万人にも満たず、軍隊も持っていない小国さえ、平成24(2012)年、違法操業した中国漁船を警察船が追いかけ、停船させようとして警告射撃を行いました。中国漁船はこの警告を無視し、小型艇2隻を降ろして操業を続けようとしたため、パラオ警察艇が強制停船させようとエンジンを狙って射撃したのですが、誤って中国人1人を射殺してしまいました。それでも怯むことなく、小型艇に乗っていた残り5人を逮捕、証拠隠滅のために漁船に火をつけて海に飛び込んだ残りの20人も全員を逮捕、起訴しています。

こうした果敢な対応をしている国に比べて、日本の事なかれ対応は見るに堪えません。中国公船が領海侵犯すれば判で押したように「遺憾の意」を表明し、アメリカの政権が変わるたびに「尖閣は安保条約5条の適用範囲」という言質を得て子供のように喜ぶだけです。忘れてならないのは、アメリカが「5条の適用範囲」と言っているのは、尖閣が日本の施政権下にある限りにおいては、です。このままでは、気が付いたら島の一つに中国の国旗、五星紅旗（ごせいこうき）がはためいているかもしれません。

なにより、「自国の領土領海だ」と言っている日本自身が、体を張って守る姿勢も見せていないのに、アメリカが軍隊を出してまで尖閣を守ってくれるでしょうか。いくら同盟国でも、そんなお人よしの国はありません。これは令和3（2021）年8月、アフガニスタンで起きたことを思い出せば、明らかです。8月末の米軍完全撤収が発表されると、イスラム原理主義勢力タリバンが息を吹き返し、あれよあれよというまに勢力を広げて8月15日、首都カブールが陥落しました。

アシュラフ・ガニ大統領が国外に脱出したとき、アメリカのバイデン大統領は「アフガン国軍自身が戦おうともしない戦いで、アメリカ人が戦ったり、死んだりすることはできないし、するべきでもない」と語気を強めて言い切ったのです。「アフガン」を「日本」に置き換え、日本人は自分たちに向けられた言葉として受け止めるべきでしょう。

領土を守る毅然とした態度を見せるべき

令和3（2021）年2月6日、砂川幸徳さんら石垣の海人が第一桜丸と恵美丸で尖閣海域に出漁した際に撮ってきた映像で「尖閣のその後」を知り、唖然としました。

中国公船と海保の巡視船がなんの緊張感もなく、魚釣島の周りで共存しているのです。領海内の魚釣島の至近（映像から判断するに1海里程度か）に中国公船「海警１３０１」と「海警２５０２」の2隻がどんと居座っています。海保の巡視船は8隻いますが、砂川さんの恵美丸が「海警１３０１」の後ろにぴたりとつけても何の反応もありません。そのまま左舷を並走し追い越していくように航行するとだいぶ経ってからその間に海保の巡視船がゆっくり入ってきましたが、ポーズとして一応やっているという空気感です。先に紹介した、一色さんの「中国漁船に対してずっと事なかれ対応してきた結果なんです」という言葉を思い出しました。形を変えて、今また同じことが進行中だと思えてなりません。

政府は同日、「中国政府に抗議し、首相官邸の情報連絡室を官邸対策室に格上げした」そうですが、映像を見る限り、「やってるやってる詐欺」としか思えません。表の発表と現場の実態が、あまりにもかけ離れています。ふつうの国民がこの映像を見たら、そのギャップに愕然とするでしょう。

私達がゆめゆめ忘れてならないのは、こうした日本の腰抜け対応が、中国の次の一歩を誘い込んできたということです。

令和5年3月30日から4月2日かけて、中国公船は80時間36分の間、領海を侵犯し続けました。これは、平成24（2012）年の尖閣国有化以降、過去最長です。中国は確実に公船の「常駐化」を進めており、海保によると、令和4年、領海の外側にある接続水域で航行が確認された日数は、過去最多の336日です。政府はなにかあれば、「誠に遺憾」というコメント発表するばかりですが、こんな「遺憾砲」は中国にとって痛くも痒くもありません。とうてい尖閣を守ることなどできないのです。

「尖閣は日本の領土」だというなら、まずは日本自身が血を流してでも守る決意を見せなければなりません。日本が毅然とした態度をとらなければ、やがて北方領土や竹島同様、尖閣は「日本の領土」とは名ばかりの島になるでしょう。

領海内での違法操業船は拿捕し、船長を刑に処し、船は爆破。それくらいしてはじめて「毅然とした態度」だと言えると私は思います。

尖閣漁船衝突事件当時、石原都知事が主導して都で尖閣を購入しようとしたときに集まった14億円超の寄付金を国に託すため、都が国への提案要求書を提出していることは、あまり知られていません。そこには、「尖閣諸島の戦略的活用の実施」として、「国の所有となった尖閣諸島について、ヤギの被害から貴重な動植物を守ることや、海岸漂着物の処理などにより自然環境を保全し、また、地元漁業者のための船溜りや無線中継基地、さらには有人の気象観測施設といった地元自治体が強く要望する施設を設置するなど、有効活用を早急に図ること」等が求められています。国は、この具体的要求を粛々と実行すべきだと思います。

第二章

拉致問題を知っていますか？

1. あなたの身にも起きるかもしれない、北朝鮮による拉致

拉致被害者役を務めてわかったこと

浜辺を散歩していたら、通りすがりの人に「写真を撮ってもらえませんか？」とスマホを渡された。

撮影してあげようとした瞬間、何者かに後ろから首を絞められて引き倒される。

その後、手足を縛られ、口に猿轡（さるぐつわ）のようなものを押し込まれる。

頭から腰まですっぽりと麻袋をかぶせられる。

これは、予備役ブルーリボンの会（荒木和博代表）の北朝鮮工作員侵入・拉致のシミュ

レーションで、拉致被害者役を務めた私が実際に体験したこと。あくまでシミュレーションなので、実際には自分が北朝鮮に連れ去られることも殺されることもないとわかっていましたが、それでも大変な思いをしました。

血の味がするなと思ったら口の中が切れていたし、終わってから着替えようとしたら全身砂まみれ、ズボンのポケットの中までたっぷり砂が入っていました。

みなさん、想像してみてください。

もし、自分がこんな風にして拉致され、工作船で北朝鮮に連れ去られたとしたら……。あるいは、家族の誰か、大切な兄弟や姉妹がこうして拉致され、それから何十年も会えなくなってしまうとしたら……。

実際、そのようなことが日本のあちこちで起きていたのです。

拉致被害者の象徴的な存在である横田めぐみさんは、昭和52（1977）年11月15日、中学1年生だった13歳のとき、バドミントン部の練習を終えて学校から帰る途中に新潟の海岸から拉致されました。ご両親をはじめ関係者も警察も必死になってめぐみさんを探しましたが見つからず、北朝鮮にいるとわかったのは20年後のことです。

拉致される途中、めぐみさんは40時間もの間、真っ暗で寒い工作船の船倉に閉じ込められ、「お母さん、お父さん」と泣き叫びながら出入り口や壁を引っ掻いたために、爪が剝がれかけ血まみれになっていたと言います。何が起こったかもわからない中でどんなに怖かったことでしょう。

これは北朝鮮という国家（正式には、日本は北朝鮮を国家として認めていません）の意思による誘拐です。何の罪もない少女がそんな風にして連れ去られたら、国内の誘拐事件であれば、警察が徹底的に捜査して被害者を助け出し、犯人を逮捕して刑に処します。

犯人が外国人、しかも国家の意思による拉致であれば、警察では到底手に負えませんから、「国」が威信をかけて取り返すのは当然のことです。外交交渉で救出できなければ、武力、つまり軍隊をもってでも奪還するのが普通の国のすることなのですが、日本はそうしていません。結果として、めぐみさんの拉致からすでに46年という長い長い歳月が流れてしまいました。

一日千秋の思いで娘の帰国を待ちわびながら、長年救出活動を牽引(けんいん)してきたお父さんの滋(しげる)さんは、令和２（２０２０）年、再会を果たせないまま亡くなられています。その無念さは察するに余りあります。

日本政府が公式に発表している拉致被害者は、めぐみさんを含めて17名。そのうち5名が平成14（2002）年に帰国したので、残るは12名ということになっています。が、その一方で、警察が「北朝鮮による拉致の可能性を排除できない行方不明者」としている人は令和5年5月現在871名もいるのです。

これだけ長い間、これだけ多くの日本人が北朝鮮に拉致されているというのに、放置したままにしておける日本という国は、本当に異常だと思います。みなさんは、自分が外国に連れ去られたときに、助けてくれないような国の国民でいたいと思いますか？　これは国家の存続に関わる重要な問題だと私は捉えています。

北朝鮮はなぜ日本人を拉致するのか

では、北朝鮮はなぜ、こんな風にして日本人を拉致するのでしょう？

理由は大きくふたつあります。

ひとつは、日本人を工作員の教育係にするためです。

北朝鮮の工作員が日本人を装うためには、日本語や日本の生活習慣などを身に付けなければなりません。そのためには、日本人から直接学ぶのがもっとも効果的です。

実際、昭和62（1987）年11月29日にバグダッド発ソウル行きの大韓航空機が上空で爆破されるという衝撃的な事件が起きました。実は、当時私が通っていた高校の先生もこの事件で亡くなりました。この「大韓航空機爆破事件」の実行犯のひとりだった金賢姫（キムヒョンヒ）の証言から、拉致被害者の田口八重子さんが教育係だったことが明らかになっています。

田口八重子さんは、昭和53年6月の失踪（しっそう）当時22歳。夫と別居中で幼い子供2人をベビーホテルに預けて池袋の飲食店で働いていたところを工作員に目をつけられ、拉致されました。

もうひとつは、日本人の身分を偽装するためです。

工作員が日本国内でスムースに工作活動を行うには、日本人になりすますことが必要です。例えば、大物工作員・辛光洙（シングワンス）は、拉致被害者の原勅晁（ただあき）さんになりすまし、原さんのパスポートを使って渡航を繰り返していました。

私が拉致被害者役を務めたシミュレーションを行ってみて、わかったことがあります。

まず拉致はほんの一瞬で行えるということ。特に車を使えば、被害者に声をかけ、言葉巧みに、あるいは暴力的に車に押し込めることさえできれば、ほんの数十秒でことは済んでしまいます。

しかしながら、それを行うためには、日ごろから現地に溶け込んで様々な情報、例えば、ターゲットにした人物の日常的な行動パターンや、この海岸には何時に犬の散歩の人が通るといった情報をとることのできる人間、拉致をする際に付近を監視する人間、そして拉致の実行犯など、少なくとも5～6名、多ければ10名くらいの人間が必要であることもわかりました。

日ごろからその土地の人に成りすましている人間を土台人（どだいじん）と呼びますが、そういった人は、実はあなたの身近にいるかもしれないのです。

川越しに北朝鮮の村を見ながらの「しおかぜ」収録

「JSR、こちらは『しおかぜ』です。東京から北朝鮮にいる拉致被害者のみなさん、様々な理由で北朝鮮から出られなくなったみなさんへ、放送を通じて呼びかけを行っています」

このような言葉で始まる北朝鮮向けラジオ放送「しおかぜ」で、私は長年アナウンサーを務めています。「しおかぜ」は民間団体である特定失踪者問題調査会が放送している短波放送で、日本語以外にも韓国語・中国語・英語で呼びかけを行っています。

オドゥサン統一展望台から望遠鏡越しに北朝鮮を見る

ふだんは東京で行っているその収録を、川越しに北朝鮮を見渡すことのできる韓国で行ったことがありました。

平成30（2018）年11月17日から3日間、北朝鮮による拉致の可能性を排除できない失踪者の家族会と特定失踪者問題調査会による韓国研修に同行したときのことです。

研修2日目の18日、ソウル市内からバスに1時間ほど揺られ、オドゥサン統一展望台に向かいました。ソウルの真ん中を流れる漢江（ハンガン）と、北朝鮮と韓国の間を流れる臨津（イムジン）江（ガン）の合流地点に位置する展望台から望遠鏡を覗くと、北朝鮮の景色がよく見えました。

水蒸気でうっすら霞（かす）む川向こうの田んぼ

の上の斜面に、金日成史蹟館、小学校、住宅群、徒歩や自転車で移動する人影も見えます。そこが北朝鮮の「宣伝村」と言われていることは承知していながらも「人がいっぱいこっちに向かってくる！」とご家族のみなさんの声が弾み、反射的に笑顔で手を振っていました。再会を心待ちにしている肉親の姿と重ね合わせていたのかもしれません。

展望台の望遠鏡の脇で、ご家族が肉親に呼びかける形で「しおかぜ」の収録を行いました。対岸までの距離は約2キロメートル、狭いところではたった460メートル。しかも渡れそうなほど川が浅いのです。にもかかわらず、そこには目に見えない高い壁あり、人の往来は叶いません。

ふと見ると、その川の上をV字に編隊を組んだ鳥の群れが飛んでいくではありませんか！

「この川を鳥のように魚のように渡っていけるものなら渡って行って、あなたたちと一緒に日本に帰りたい」

ラジオに乗せた、ご家族の言葉が忘れられません。

こうした放送は、北朝鮮の当局にとっては当然ながら好ましいものではありません。徹底した情報統制を行い、外部情報を遮断しているにもかかわらず、ラジオは易々と国境を越えて北朝鮮内に「不都合な真実」を届けてしまいます。これをかき消そうと、「しおかぜ」

に対して当局は必ず妨害電波をかけてきます。「ガガガガ……」と、それはそれは耳障りな音です。中には「ピコン、ピコン」と、昭和の時代に流行ったインベーダーゲームのような音の妨害電波もあります。「しおかぜ」も負けてはいられないので、猫の目のように周波数を変える「猫の目作戦」で対応しています。

そんなに周波数を変えてちゃんと探し当てられるのかと心配されるかもしれませんが、日本でもかつてはそうだったように、周波数のダイヤルを少しずつ動かしながら音の鳴っているところで手を止めて聞くスタイルが北朝鮮では今でも一般的なので、特に問題ないそうです。

北朝鮮の首都・平壌（ピョンヤン）で録音された放送を私も聞かせてもらったことがありますが、自分の声が思った以上に鮮明に届いていることが確認できて、嬉しく思いました。

しかしながら、当局が聞かせたくないものを聞くのは、北朝鮮で暮らす人民や拉致被害者にとっては命がけです。見つかれば収容所送りは確実ですから、決して見つからないように、夜、布団をかぶって音が漏れないようにして聞くそうです。ある脱北者は、ラジオから聞こえてくる情報のことをこう表現しています。

「暗闇の中に差す、一条（いちじょう）の光だった」

日本に上陸経験のある元工作員の言葉

その夜、元北朝鮮工作員の李さん（仮名）という方達と懇談しました。李さんは昭和58（1983）年12月に釜山で拘束されて転向し、現在は韓国の政府系機関に勤めていますが、山口県に上陸経験があります。

工作母船から半潜水艇で釜山の海水浴場、多大浦海岸に上陸、潜入しようとしたところを拘束されました。「多大浦事件」と呼ばれるこの事件では、半潜水艇に乗っていた6人中2人が上陸。落ち合うことになっていた人間が先に拘束されて情報を漏らしていたことから、韓国軍が待ち構えていたのです。李さんは、

「ラングーン事件（北朝鮮工作員による全斗煥大統領爆殺未遂事件）の反省から生け捕りするようにと指令が出ていたため、韓国の特殊部隊は丸腰ながら5人がかりで飛び掛かってきました。自分は腰につけていた拳銃を使う暇もありませんでした。自殺予防のため、すぐ口にプラスチックの猿轡をはめられたお陰で、今もこうして命があります。半潜水艇は韓国海軍に撃沈され、現場から離脱した4人は戦死しました」

と言います。

李さんは、事件前年の昭和57年に日本に入っていたスパイの送り出し役として山口県長門市の青海島にゴムボートで上陸して、無事任務を遂行し帰国したそうです。日本の警察について「2時間ごとにしか巡回して来ないし、来るときにはランプを点滅させて『気付いてください』と言っているようなもの」と、全く脅威ではなかったことを明らかにしました。

李さんに「日本はどうすべきですか？」と尋ねたら「自衛隊を大幅に拡充すべき。でないと長い海岸線を守れない」との答えが返ってきました。

拉致被害者が「帰りたくない」と言ったらどうするか

ところで、みなさんは、こんな疑問を抱きませんか？　拉致被害者だって長く北朝鮮に暮らすうちに、結婚し、子供をはじめ、大切な存在が北朝鮮に何人もできてしまったら、迎えに行ったとしても「帰りたくない」というケースもあるのではないか。そんなとき、無理やり帰国させたりしたら、それこそ拉致被害者のみなさんにまた拉致されたときと同様のつらい思いをさせるのではないのか。

実は、これは私自身が拉致問題を知ったばかりのころに抱いた疑問でもあります。その思いを特定失踪者問題調査会の荒木和博代表にぶつけたところ、こんな答えが返ってきました。

「それでも、取り戻すんです。なぜなら、国家の意思を見せる必要があるから」

そう言われて、はっとしました。確かに、そうなのです。「拉致などという非道なことをされたら、日本はだまっていない。国として被害者を救うのだ」という確固たる意思を見せる必要があります。

なぜなら、それが日本が舐(な)められないこと、つまり、さらなる拉致被害者を出さないことにつながるから。北朝鮮で思想教育をされ、家族（ある意味では人質）もできた被害者が「帰国したい」などと簡単に言えるはずがありません。

実際、平成14（2002）年に5名の被害者が帰国したときも、当初は一時帰国の予定でした。それを国として「北朝鮮には戻さない」と決断したことが、その後につながっています。

だから、今の私に迷いはありません。仮に被害者本人が望まなかったとしても、日本国の意思を示すために帰国させるべきだと確信しています。

九州南西海域不審船事件で交戦した巡視船あまみと北朝鮮工作船

平成13（2001）年12月22日、九州南西海域不審船事件で海保の巡視船あまみが北朝鮮の工作船と交戦したことを、みなさんは知っていますか？

この事件で不審船側は自爆・自沈して10名以上とされる乗組員全員が死亡（推定）、海保側は3名が負傷しました。穴だらけの船橋（せんきょう）や、見るも無残に損壊した甲板監視テレビを目の当たりにし、これでよく海保に死者が出なかったと思いました。そして戦後の日本でも、国の尊厳を守るために、こうして命がけで任務に邁進（まいしん）する海上保安官達がいるのだと心を揺さぶられました。

あまみの船橋は銃弾によって穴だらけ、窓ガラスは衝撃でヒビが入って真っ白になり、船体は解体されましたが、船橋の前面のみが残され、広島県呉市の海上保安大学校資料館にひっそりと展示されています。そのことを私に教えてくれたのは、平成22年9月の尖閣漁船衝突事件の折、現場映像をＹｏｕＴｕｂｅに投稿した元海上保安官の一色正春さんで

損壊した甲板監視テレビ

穴だらけの船橋

被弾した巡視船あまみ（呉の海上保安大学校資料館で撮影）

した。

自爆・沈没した不審船は、当初、東京の「船の科学館」で、その後は横浜の海上保安資料館に展示されています。初めて見たときは、まずその見上げるような大きさに驚きました。もともと工作小船が収納されていた船尾の観音扉は開かれていて、中からも船腹を見ることができます。あまみが応戦した際に被弾した弾痕からの浸水を防ごうと、モモヒキらしきボロ布が詰められているのが鮮烈でした。

外側の弾痕脇には「巡視船は船体への威嚇（いかく）射撃を、荒天下でも狙った目標に精密に射撃が可能なＲＦＳ（目標追尾型遠隔操縦機能付）20㎜機関砲を使用して、

海上保安資料館に展示されている北朝鮮工作船の舳先（へさき）

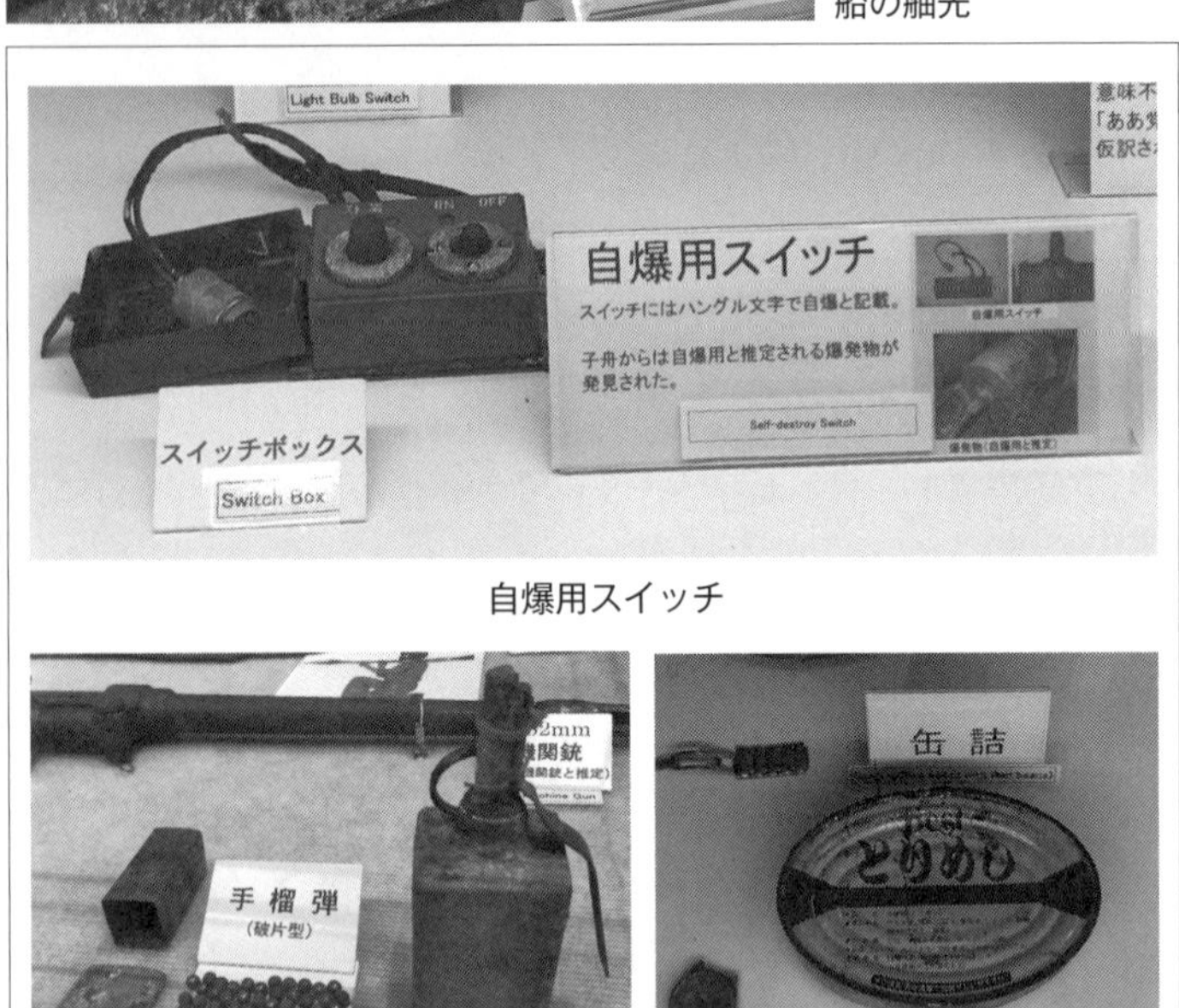

自爆用スイッチ

手榴弾

缶詰

工作船にあったもの（海上保安資料館）

通常人のいない船尾端及び船首端に向けて行いました」という説明書きが付されています。格納されていた82ミリ無反動砲や自動小銃など武器の数々、無線機やヘッドホン、携帯電話などの通信機、潜水フードや水中メガネ、潜水靴、水中スクーターなど水中行動に必要な装備の数々、自爆用スイッチ、漁船に偽装するための集魚灯、腕時計、「とりめし」と書かれた缶詰なども展示され、工作船の実態を生々しく知ることができます。横浜の赤レンガ倉庫のすぐそばというロケーションの良さもあり、訪問者は年間で約20万人に上るそうです。

一方、呉の海上保安大学校資料館内の巡視船あまみの船橋には、訪れる人もほとんどいません。私が見学に訪れた平成30年6月は事前予約制（現在も完全予約制）で、見学者がいるときにだけ資料館を開けるようになっていました。梅雨時だったせいかもしれませんが、館内はそこはかとなくカビくさく、完全な貸し切り状態。これでは、せっかく海上保安官達が示した武威も浮かばれません。

後日談ですが、あまみの船橋も、ぜひ工作船と並べて展示し、多くの人目に触れてほしい、それによって平和ボケした日本人を覚醒させてほしいと思って声を上げたところ、令和3（2021）年3月末に念願叶い、横浜の海上保安資料館に巡視船あまみの船橋の3

分の1模型が展示されました。損壊した甲板監視テレビなどの装備品は、実物が移設、展示されています。海保担当の国土交通大臣政務官（当時）として実現に向けて動いてくださった和田政宗参議院議員と関係者のみなさんの尽力に心から感謝しています。

海保が毅然とした対応をした、この事件を機に工作船の出没はぴたりと止まったと聞いています。さらにはその翌年、蓮池薫（はすいけかおる）さん・祐木子（ゆきこ）さん夫妻、地村保志（ちむらやすし）さん・富貴恵（ふきえ）さん夫妻、そして曽我ひとみさんという5名の拉致被害者が帰国を果たしました。

5名の帰国には、米朝関係の悪化など他の要因も働いているとはいえ、少なくとも武威を示すことの現実的効果を、この事件とその後の5名の帰国は表しているのではないでしょうか。

北の工作船は、これまで多くの被害者を北へと連れ去りました。そもそも北朝鮮が悪いのは疑う余地もないことです。しかしこれだけ長い間、自国民を取り戻せずにいるのは、戦後の日本が「武威」の発揚にあまりにも臆病になっているためだと思えてなりません。

本気で拉致被害者を救出しようとするなら、他国の力を借りずとも「被害者を取り返す！」という自国の意思を毅然として体現することが肝要なのです。

2. 自国を守るために他国と戦うということ

日本国民の「国のために戦う意思」はダントツの世界最低

1981年から行われている「世界価値観調査」の最新の結果によれば、「国のために戦いますか?」という問いに、「はい」と答えた日本人は13パーセントと、調査対象の79カ国中、ダントツの最低です。

また、防衛省が編集協力している自衛隊の広報誌『MAMOR(マモル)』令和4(2022)年12月号には、10~30代の国民400人への「日本が侵略されたら戦いますか?」という緊急アンケートに対し、「戦う」が28・2パーセント、「戦わない」が71・8パーセントと、兵士としてもっとも活躍できる年代でも戦う意思のない人が圧倒的多数を占めるという結果が掲載されていました。ロシア・ウクライナ戦争が既に始まってからのアンケートであるにもかかわらず、です。

序章でご紹介したWGIPがいかに日本人から戦う意思を奪ったかが、赤裸々に表れています。

同年2月24日、大多数の識者の予想に反して、ロシアがウクライナに侵攻し、戦争が始まりました。それから1カ月ほどが経ったある朝、テレビを見ていて私は椅子から転げ落ちそうになりました。

フジテレビ系列の「めざまし8（エイト）」という番組で、コメンテーターの橋下徹（はしもととおる）氏がウクライナ国民に対し、「国外に逃れ、ロシアのプーチン大統領が不在となる数十年後に再起を期すこと」、つまり「戦わないこと」を勧めていたのです。

戦わずに降伏したらどうなるでしょうか。橋下氏はじめ、「戦わない」と回答した人々に決定的に欠けているのは「想像力」だと私は思います

おそらく侵略者に対し抵抗しなければ、自らの安全が保たれると思い込んでいるのでしょう。しかし、現実がそれほど甘くないことは、例えば、中国が現在ウイグルの人たちに行っている事実を直視すれば明白です。強制収容、拷問（ごうもん）、強姦（ごうかん）、洗脳、粛清（しゅくせい）（独裁政党などに

よる反対者の追放・処刑など）……。仮に、国際社会の目を意識した侵略者が、あからさまな非人道的行為は控えたとしても、そこに訪れるのは「奴隷の平和」です。常に侵略者の顔色を窺（うかが）い、互いに監視し合って密告が横行し、疑心暗鬼な生活を送る……。弾が飛び交うことさえなければ、そんな尊厳の欠片（かけら）もない状態であっても良しとするのでしょうか。

そうならないためには、やはり、「平和を守るためには最終的に戦うことも辞さない覚悟」が必要だと私は思います。

敗戦国でも独立した意思を持って動ける国となったドイツ

「戦う意思」が欠落した、こんな日本のままでよいのでしょうか。「敗戦国だから仕方ない」という人もいますが、であれば、第二次世界大戦の同じ敗戦国のドイツはどうでしょう。ヒトラーに率いられてユダヤ人をガス室に送りジェノサイド（大量殺戮（さつりく））を行った「ナチスドイツ」という強烈な負のイメージを持つ軍隊への忌避感から、戦後のドイツも軍へのアレルギーは、日本に負けず劣らず強烈でした。

しかし、第二次世界大戦後、世界を二分した米ソ冷戦が１９８９年に終わり、新たな安全保障を考える時期にあった1997年、東ヨーロッパのバルカン半島南西部に位置するアルバニア共和国で暴動が起きました。

実は、それまでドイツは極めて抑制的にしか軍を運用していませんでした。具体的には、NATO（北大西洋条約機構）の域内でのみNATOの一部として活動するだけでした。しかし、この暴動に際して国を挙げての議論を行い、戦後初めてNATO域外で単独での軍事行動を行うことを決断したのです。

結果として、自国民および他国民130名の救出を実行しました。そのうち、ドイツ人13名、日本人が14名。つまり、自国民より多くの日本人が助けられています。ちなみに、このアルバニア暴動は、イタリアを中心とする西欧諸国およびアメリカで約2500名を救出するという大掛かりなものになりましたが、日本人はドイツのほかアメリカ軍にも2名助けられています。

こうした軍事行動を行ったことによってドイツは安全保障の面においても独立した意思を持って動ける国に生まれ変わり、国際社会で責任ある地位を占められるようになりました。ドイツは第二次世界大戦後、既に憲法も63回改正しています。

このような事実を知ってしまうと、「敗戦国だから」は言い訳にならないことがよくわかります。日本もいい加減言い訳をやめ、真の自立国として再生するために行動を起こさなければなりません。このままでは国を守るために命がけで戦ってくださった先人たちにも、これから生まれてくる子や孫の世代にも顔向けができないし、横田滋さんをはじめ肉親との再会を遂げずして天に召された被害者ご家族の魂を慰めることも決してできないでしょう。

拉致被害者救出に自衛隊の活用を！

本章冒頭で紹介したシミュレーションを行った予備役ブルーリボンの会は、拉致問題の解決を目指す元自衛官や予備自衛官等、自衛隊関係者によって構成されている会で、私はその幹事長を務めています。当会では、長年、「拉致被害者救出に自衛隊の活用を！」と訴え続けてきました。

政府は、拉致問題を国の「最優先課題。全力で取り組む」と言い続けていますが、その言葉が真実ならば、自衛隊による被害者救出を当然選択肢に入れなければなりません。横田めぐみさんの拉致から今年で46年。被害者ご家族の訃報も相次ぐ中、これ以上、どう待ていうのでしょう。

しかしながら、唐突にそんなことを言われても、現在の憲法の下で、拉致被害者救出に自衛隊を使うなどありえないと考える国民は少なくないでしょう。しかし、そうやって思考を停止する前に、考えてみてほしいのです。

クーデターなどで北朝鮮が騒乱状態に陥った場合、各国政府は自国民を救出するために動きます。そのとき、日本はみすみすチャンスを逃すのでしょうか。

邦人救出には「当該国の同意」が必要とされますが、北朝鮮が同意することはありえません。しかしながら、無政府状態になった場合はどうでしょう。現に、平成16（2004）年、フセイン政権崩壊後のイラクでは、国連の承認を得た代表部を「代行政府」と見なし、その同意を得て自衛隊は邦人10名をクウェートまで輸送しています。北朝鮮でも同様のケースに備えておくべきでしょう。

平成27年の平和安全法制改定で、在外邦人等の保護措置が新設され、任務遂行型の武器使用も可能になりました。救出への任務と権限が拡大したわけですが、いかに自衛隊が優秀でも情報や事前準備なしに任務遂行はありえません。

法律上、自衛隊は外務大臣からの要請があって初めて救出にとりかかることができます。

自衛隊が勝手に動けば「軍部の暴走（シビリアンコントロールの逸脱（いつだつ））」と言われてしまいます。

ですから、「備える」とは具体的には、外務省が自衛隊に対し、いざというときのために北朝鮮での邦人救出計画を作り、必要な準備や訓練をするように依頼し、それを元に自衛隊が救出に向けて訓練・準備することです。

法を守って国民を守れない日本は本末転倒

平成14（2002）年に被害者5名が帰国した際の陰の立役者でもあり、歴代の総理大臣の中でも一際熱心に拉致問題に取り組んでいた故・安倍晋三元総理も、「拉致被害者救出に自衛隊を使うことは憲法の制約があってできない」「いざとなったら米軍に頼むしかない」と発言されていました。

法の制約があるというならば、国民を守れない法など変えるべきです。それを待たずとも超法規的措置という手段もあります。

「情報がないのに無理だ」という人もいますが、50年近く経って「情報がない」ということ自体、国が本気で被害者を取り返す気がないことの証拠ではないのでしょうか。そもそも明確な目的があればこそ、人も国も真面目に情報を集めるものです。例えば、旅行をすると決めたから、ガイドブックやネットで情報を集めるのであって、そうした明確な目的がなければ、目の前に同じ情報があったとしてもガイドブックを手に取ることさえしないでしょう。

「自衛官の命をなんだと思っているのだ」という人もいます。しかし、そんな人には、そもそも自衛官というのはどういう職業なのかということを考えて頂きたいと思います。

自衛官はその任に就くにあたり、「事に臨んでは危険を顧みず、身をもって責務の完遂に努め、もって国民の負託に応える」と宣誓しています。つまり、「自分の身に危険が及んだとしてもわが国の平和と独立を守る」と誓って自らの意思でその職についている人たちなのです。より優先しなければならないのは、自衛官のそれではなく、「国民の命」であることをゆめゆめ忘れてはなりません。

また、「自衛隊による拉致被害者救出なんて、ハリウッド映画の見過ぎだ」と言う人もいます。要は、特殊部隊を使った派手な救出作戦だけを思い描いているからそんな台詞（せりふ）が出てくるのだと思いますが、自衛隊の活用法というのは、なにもそれだけではありません。

もちろん、最終手段としては特殊部隊による軍事的な救出作戦も必ず準備しておかなければなりません。しかし、自衛隊ができることは、情報収集から邦人保護、輸送まで、多々あります。例えば、金正恩委員長と日本の総理大臣が直接交渉する場に制服を着た自衛官が同席するだけでも、これまでとはまったく違う北への圧力になります。

そもそも何のために存在する自衛隊でしょう。武威の活用を真摯に考えるべきだと思います。

令和3（2021）年2月、映画『めぐみへの誓い』（野伏翔監督）のロードショーが始まりました。映画化に先立ち、拉致問題対策本部の主催で舞台版『めぐみへの誓い』が全国各地で上演されてきたのですが、その間、数年司会者として同行しました。

この作品では、横田めぐみさんが13歳で拉致されてから現在に至る拉致問題の経緯と、横田めぐみさんや田口八重子さんの北朝鮮での生活の様子が描かれています。役者たちが体を張って伝える拉致の現実は観客の心を揺さぶり、中には北朝鮮当局による仕打ちの酷さに吐き気を催して席を立つ人までいました。演劇の持つ力をまざまざと知り、もっともっと多くの日本人に見てもらいたいと思いました。拉致被害者奪還に向けて、世論を動かす

舞台劇「めぐみへの誓い」

ために。

そんな思いを抱いた多くの人の力が結集して完成した映画では、被害者の北朝鮮での生活の様子がよりリアルになったほか、舞台版にはなかった特定失踪者や「しおかぜ」についても描かれ、よりメッセージ性が強くなりました。同作では、舞台版でも映画でも、めぐみさんが夢の中で両親との再会を果たします。両脇を抱えられながら「日本へ、帰ろう」と言われるめぐみさん。その台詞を聞くたびに、私の脳内では両親の姿が自衛官に置き変わっています。

映画の予告編の最後の言葉が胸に刺さりました。

「この物語の結末をつくるのは、私たち一人ひとりです」

私の夢想が現実のものになったとき、日本は真の意味での独立国として再生を果たすことができるに違いありません。

豆知識コラム②

アメリカは日本を守ってくれるのか

日本とアメリカの間には「日米安全保障条約」があります。第二次世界大戦後の1951年にサンフランシスコ平和条約で署名されました。

この条約は不平等な内容だったため、1960年岸信介首相の時に改定され、アメリカに日本防衛義務が課されたのです。

1950年に勃発（ぼっぱつ）した朝鮮戦争に日本駐留中の米軍が派遣されたため、その空白となった自国を守るためにできた警察予備隊が自衛隊の前身です。

この「日本防衛義務」を根拠に「日本自体が軍隊を保有していなくても、他国から攻撃されたらアメリカ軍が日本を守ってくれるだろう」と漠然と思っている日本人は少なくありません。

しかし、日本防衛のための米軍の介入は、合衆国憲法および米国民の世論を反映した連邦議会により決定されるので、日本防衛義務が果たされるとは限りません。

私は日本を守れる自衛隊であってほしいと思っています。いざというときに命をかけて日本を守る存在の自衛官に、もっと敬意と感謝の気持ちを持つ世の中であってほしいと願っています。

第三章

日本はそもそもどんな国か知っていますか?

1. 日本の「建国の理念」とは

「八紘為宇（はっこういう）」の精神

序章で、私は今では日本が好きだと書きました。ですが、今のままの日本ではいけないと思っています。

戦後の占領政策によって気付かないうちに日本は日本らしさを失ってしまいました。だから、本来の日本らしさを取り戻さなければならないと思っているからです。

では、本来の日本らしさって何でしょう？　フランスでしたら、フランス革命を経て「自由・平等・博愛」を国のモットーにしています。アメリカだったら、「自由・平等・独立」でしょうか。これらに相当する日本の旗印は、いったい何だと思いますか？

橿原神宮。神武天皇が「橿原建都の詔」を出された地

その答えを探すためには、日本の建国について記されている神話を紐解いていく必要があります。もしかしたら、あなたは神話なんて歴史的な事実ではない、架空（かくう）の物語なのだから、そんなものを頼りにするのはおかしい、と思ったかもしれませんね。だとしても、私は思うのです。「歴史的事実かどうか」よりも大切なのは、それが「『価値あること・大切なこと』として先人たちが語り継いできたという事実」ではないかと。そう思うと、神話をないがしろにはできません。

そんな神話のひとつ、『日本書紀』には、初代・神武天皇が奈良の橿原（かしはら）に都を建てられたとき、つまり日本を建国したときに出された「橿（かし）原建都（はらけんと）の詔（みことのり）」で、「掩八紘而為宇」（八紘（あめのした）をおおいて宇（いえ）となさん）、つまり、「天の下にひとつの家のような世界を創ろう」と述べられたことが記されています。この「八紘為宇（はっこういう）」こそが日本の旗印なのです。

実は、この詔を元につくられた「八紘一宇」という言葉は、戦前・戦中と盛んに使われてきただけに、戦後の教育ではこれを「好戦的なナショナリストのスローガン」だと教えます。かく言う私も、そう思い込んでいたひとりです。が、「建国の詔」に触れ、本来の意味は全く逆であったことを知って衝撃を受けるとともに、自らの先入観と不勉強を恥じました。

ちなみに、「八紘一宇」は、日蓮宗から在家の宗教団体である国柱会を創始した田中智学（ちがく）によって大正12（1923）年に造られた四字熟語です。それを昭和15（1940）年、第二次近衛内閣が「大東亜新秩序」を掲げた際に、「皇国の国是は八紘を一宇とする肇国（ちょうこく）（建国）の大精神に基」づくとして公式に使うようになりました。が、先ほどご紹介したように日本書紀には「一」ではなく「為」という文字が使われているので、私は原典に基づいて「八紘為宇」を使う立場をとっています。

ところで、みなさんは、「大東亜戦争」という言葉を学校で習ったでしょうか？　おそらく、なんとなく聞いたことはあっても習ったことはないという方がほとんどではないでしょうか。

「大東亜戦争」は、「八紘一宇」とともに、戦後意図的にGHQによって消し去られた言葉です。具体的には、昭和20（1945）年12月15日に出された覚書（「国家神道、神社神道ニ対スル政府ノ保証、支援、保全、監督並ニ弘布ノ廃止ニ関スル件」）によって、公文書による使用が禁止され、即時停止されました。

「大東亜戦争」は「太平洋戦争」に置き換えられて日本人の意識から消えていきましたが、「八紘一宇」は置き換えられなかった代わりに危険思想という印象を強く植え付けられたのです。

GHQの意向に沿った戦後教育によって本来の意味を捻じ曲げられて覚え込まされた国民が多数を占めるようになってしまいましたが、仮に日本人がこの建国の理念の本来の意義を忘れずにいたら、日本は天皇陛下を家長とする「ひとつの家」、国民はみな「兄弟」です。

第二章でお伝えした通り、私は長年、北朝鮮による日本人拉致問題にも取り組んでいるのですが、みなさんもちょっと想像してみてください。みなさんとひとつ屋根の下に暮らす兄弟や姉妹が、ある日突然自らの意思に反して暴力的に連れ去られ異国で苦しみ続けているとしたら、それをだまって見過ごせる人がいるでしょうか。普通の感覚の持ち主なら居ても立ってもいられず危険を冒してでも救い出したいと切望するに違いありません。ところが、現在の日本に、そうやって家族を思うのと同じくらい熱い思いで拉致被害者を助けたいと願う人たちが、いったいどれくらいいるでしょうか？

現代の日本では、建国の理念などすっかり忘れ去られていることが、他者への無関心、ひいては日本社会の分断に拍車をかけているように思えます。

そうは言いつつも、一方で日本人のＤＮＡには今でもこうした理念が受け継がれ続けていると感じることもあります。

例えば、東日本大震災の被災者が助けに来た人に対し、「この奥には自分よりもっと苦しんでいる人がいるから、そちらを先に助けてほしい」と言ったというエピソードにも表れていますし、諸外国の人が驚嘆したように、どんなに空腹でも獣のように食料を奪い合うことなく整然と列をなして配給を待てる日本人の姿としても表れているのではないでしょうか。

「八紘為宇」を体現し世界を魅了した先人達

さらに強烈に建国の精神が受け継がれていることを感じたのは、日本を守るために戦い散華（さんげ）された先人達のことを知ったときです。先人達が受け継いでいた、この崇高な理念は、ただ日本一国にのみあてはめるほど、ちっぽけなものではありませんでした。

大東亜戦争末期に沖縄の海で散華された特攻隊振武隊隊長の渋谷健一少佐は、幼い娘たちに「世界に平和がおとづれて万民太平の幸をうけるまで懸命の勉強することが大切なり」と書き遺しています。私たち日本人は他者を蹴落としてでも自分さえ勝てばいい、他国を踏みにじってでも自国さえ繁栄すればいいといった考え方を良しとしません。日本人のDNAには世界人類が「共存共栄する」という八紘為宇から連なる壮大な理念が埋め込まれていると思うのです。

これは、強圧的な植民地支配を行った欧米列強とは極めて対照的です。

例えば、19世紀後半のアジアでイギリスやオランダが行っていた植民地政策は、被占領国を搾取しそこから経済的な利益を得ることを目的としていました。実際、支配国が一方的に決めた安い賃金で、地元住民にサトウキビやコーヒーなどの栽培を強制し、欧州に輸出した農産物で莫大な富を得ました。

一方で住民たちは、主食である米の生産もできなくなり、食料にも事欠いて、心も体も疲弊していきました。中でも、インドネシアは約350年という長きにわたりオランダに支配され、奴隷のような暮らしを強いられていました。ですから、序章でお伝えしたようにそのオランダから解放してくれた日本への感謝の気持ちは並大抵のものではなかったはずです。昭和17（1942）年に日本陸軍がインドネシアのパレンバンで初の落下傘降下作戦を成功させたとき、その作戦で小隊長を務めた奥本實中尉によると、パレンバン市民はオランダからの解放に狂喜乱舞したと言います。そうしたインドネシア国民の気持ちが象徴的に表されたのが、まさに独立宣言に見られる「皇紀」の表記でしょう。

そもそも、日本は第一次世界大戦後のパリ講和会議で、世界に先駆けて人種差別撤廃を訴えました。有色人種でありながら臆することなく「人種差別撤廃」を提唱しました。ですが、世界中に植民地を広げて巨利を得て来た白人達に受け入れられることはなく、アメリカのウィルソン大統領によって「事が重要なだけに全員一致でなければ可決されない」と否決されてしまったのです。

日本の精神に思いを寄せ続けるサイパンの人々

奇しくも日本は、この会議によって南洋諸島の統治を委任されました。私は、そうした島々のひとつ、サイパンに平成27（２０１５）年に訪れました。

現在では、北マリアナ諸島・米自治領になっているサイパンですが、もともとチャモロ族が自給自足の暮らしをしていました。しかし、16世紀にスペインの統治下に入ると、スペインはキリスト教の布教を行います。当初は順調に進んだ布教活動でしたが、宣教師が先住民の習慣に干渉するようになったことから不満が高まり、ついにスペイン・チャモロ戦争が始まりました。スペインは軍隊を派遣して先住民を虐殺。チャモロ族部隊が壊滅し、降伏すると、天然痘の流行や台風の襲来とも相まって、5万人ないしは10万人いたとされるチャモロ族は５０００人以下に激減していました。

その後も強制移住などが行われますが、米西戦争にスペインが敗北したことを機に、19世紀からドイツの統治下に入ります。ドイツは、本国から遠く離れたサイパンの開拓と先住民への教育政策を放棄し、サイパンを流刑地にしました。

大正3（1914）年に第一次世界大戦が勃発。連合国の一員として参戦した日本はドイツを破り、赤道以北の南洋諸島全体を占領しました。そして大戦後に日本、イギリス、アメリカ、フランス、イタリアの戦勝国（五大国）が主導した前述のパリ講和会議を受け、大正9年に日本の委任統治領となったのです。

そして、南洋庁サイパン支庁が置かれ、それまでドイツが放棄していた都市開発や公衆衛生、産業振興、地元民への教育などを行い、準国策会社の南洋興発株式会社が製糖所を建設、アジア最大の製糖地として栄えました。日本人も数万人が移住しています。

南洋興発株式会社を設立した松江春次は、「砂糖王（シュガーキング）」と呼ばれ、製糖業を発展させたばかりでなく、経済を安定させ、インフラ整備にも多大な貢献をしたことから、地元の人々にも大変慕われていました。現在でも、砂糖王公園に松江春次の銅像が立っていますが、この銅像は戦後、米軍によって取り壊されそうになりました。ところが、島の人々から「功労者なので壊さないで！」という声が湧き上がり、残されることになったのです。日本人が現地の人々と、いかに「共存共栄」していたかが実感できるエピソードですよね。

そのサイパンでは、忘れられない出会いがありました。このとき御年84歳でありながら背筋がしゃんと伸び、健康的かつ知的な印象を受ける元観光局会長で、訪問当時も経済界の重鎮として活躍していたデヴィッド・サブランさんという「かっこいいおじいちゃん」にお話を聞いたのです。日本の委任統治領だった戦前戦中と公学校で5年間学んだサブランさんは、毎朝、皇居の方角である「北」に向かって最敬礼した後、30分間の体操をしていたそうです。それが健康のもととなり、米国領になった戦後もソロバンが身を助けてくれたといいます。

「マイ・メンタリティ・イズ・ジャパン」

そう語るサブランさんは、戦後60年経った平成17（2005）年、天皇、皇后両陛下のサイパン訪問が決まった際、それを阻止しようとデモを行った韓国コミュニティに、「やめろ。さもなければ、お前たちが出て行け！」と決然たる態度を示してくれました。そのときのことを、「観光局を取り仕切る立場だった自分が、日本への好意を持ち続けていること、天皇陛下の訪問を歓迎する意思を伝えなければならないと思った」と話してくれました。こうした尽力に支えられ、両陛下は慰霊の旅を無事にまっとうすることができました。

しかし、日系航空会社や日系ホテルの撤退で日本人観光客が激減すると、入れ替わるようにサイパンにやってくる中国人が急増しました。ところが、中国人はマナーが悪く地元の人は内心嫌がっているものの、政治家らと結びついているために安易にそれを口に出せないのだといいます。

サブランさんは、「助けてください」「ヘルプアス（HELP US）」と、日本語と英語でなんども繰り返しました。「助けてください」とは、日本人にまたサイパンに来てくださいという意味です。その切実な願いは、単に経済的なことではなく、「精神的に忘れないで」「絆を切らないで」という、兄を慕う弟の悲痛な叫びのように感じられました。

かつて結ばれた絆は、先人たちの生き様の証でもあります。それをわずか七十数年で忘れるとしたら、危ないのはむしろ日本の方ではないのか、そんなことを思わされました。

今でも日本軍への感謝を忘れない親日国・パラオ

サイパンを訪問した2年後の平成29年には、同じくスペイン領からドイツ領になり、第一次世界大戦後に国際連盟から日本が統治を委任されたパラオ諸島にも行ってきました。パラオでも日本は、道路を舗装し、橋を架け、電気を通し、電話を引くなどインフラ整備を行うとともに、病院や医療施設を設置し、生活水準を向上させました。教育制度も整え、

ペリリュー島の港の看板

パラオ人の子供も「公学校」で学んだ結果、昭和10年までに就学率は93パーセントにもなったのです。これは、白人による統治領や植民地における就学率とは比較にならないほどの高水準でした。例えば、約350年オランダの植民地だったインドネシアでは、就学率がわずか3パーセントだったそうです。

そんなことから、サイパン同様、パラオは今でも大変な親日国です。現在もパラオ語の25パーセントは日本語だそうで、乾杯を「オツカレナオース」、ブラジャーを「チチバンド」といい、「イサオ」「シゲオ」「ヨコイショウイチ」など日本人のような名前を持つ人も多いのです。私が訪れたときもペリリュー島の港では、英語表記とともに「ペリリュー島へようこそ」「またお越しください」と白い壁に書かれた大きな水色の日本語が出迎えてくれました。驚いたことに、今でもソロバンを学校で教えているそうです。が、目下、それを教える算数の先生が足りないのだとか。

パラオと言えば、ペリリュー島の戦いが有名です。日本人は島民たちと家族のように睦み合って暮らしていましたので、大東亜戦争で日本が劣勢に立たされてしばらくたった昭和19年9月、まもなく米軍が上陸してきそうだというタイミングで、島民の方から「一緒に戦わせてください」と申し出てくれました。

ところが、日本軍の守備隊長だった中川州男(くにお)大佐は「貴様ら土人と一緒に戦えるか」と言って、彼らを追い返してしまったのです。島民は、驚きました。日本人だけは違うと思っていたのに、やはり日本人も欧米人たちと同様に自分たちを見下していたのか……と悲嘆にくれながら島を離れようとしたとき、疎開船の最後の一隻が岸から離れた瞬間に、ジャングルから大勢の日本人が走り出してきて「達者で暮らせよー」と手を振ったそうです。その姿を見て、「ああ、日本人は、自分たちを安全な場所に逃すために、わざと冷たい言葉を言ったんだな」と理解し、涙にくれながら島を後にしました。

戦争が終わって島民たちが戻って来たとき、激しい砲爆撃によって島は見るも無残に形が変わっていたことから、残っていたら自分たちの命はなかったと実感し、改めて日本軍への感謝の気持ちが湧き上がったそうです。

こうした先人たちの「八紘為宇」という建国の理念に根差した統治は、現地の人々の心に熱烈な親日感情を育みました。

こんな日本人だからこそ、GHQは、日本に脈々と受け継がれ、日本的な行動の源になっている建国の理念「八紘為宇」に恐れをなし、消し去ろうとしたのでしょう。

ですが、そのようにして少なくとも日本社会の表層からは失われつつある宝のような価値観を、今こそ日本人が自覚し、そこに立ち返ることが、弱肉強食の世界を「強者が弱者を助け共に生きる世」へと導く鍵になるように思えてならないのです。

『鬼滅の刃』に見た日本人の美学

数年前に映画『鬼滅の刃　無限列車編』が大ヒットし、歴代興行収入第1位の金字塔を打ち立てました。

「主役」は竈門炭治郎という少年ですが、無限列車編の「もうひとりの主役」である煉獄さんが亡くなる前の回想シーンに、在りし日のお母さんが登場します。お母さんは、まだ幼い我が子にこう問いかけていました。

「なぜ自分が人よりも強く生まれたのか、わかりますか?」

その答えは、「弱き人を助けるためです」「弱き人を助けることは、強く生まれた者の責務です」。

母の言葉を胸に刻んだ煉獄さんは、その言葉を体現して生き、戦い、そして散ります。私はそこに日本人が受け継いできた美学を見ました。

2. 日本を骨抜きにした戦後教育

教科書の墨塗りで消された「尚武（しょうぶ）の精神」

では、このように長く日本に受け継がれていたはずの美学が、どのようにして戦後の日本から失われていったのでしょうか？

そこで重要な役割を果たしたのが、教育です。

みなさんは、「戦後、教科書が墨塗りにされた」という話を聞いたことがありますか？占領軍にとって不都合な内容が記載された本は「焚書（ふんしょ）」といって焼かれたり、また筆で黒く塗りつぶされたりしました。

教科書を墨塗りにする指示を出したのは、直接的には文部省です。敗戦から1カ月ほど後の9月30日に、各地方長官あての文部次官通牒「終戦ニ伴フ教科用図書取扱方ニ関スル件」が出され、教科書に掲載されている戦時色の強い教材が墨塗りにされることになりました。が、文部省がこのようなことを指示したのも、背景にGHQの圧力があったことは想像に難くありません。

令和4（2022）年私は、この墨塗りされた教科書を墨塗りの前と後で比較すればそこで日本が失ったものが見えてくるのではないかと思い、実際に当時の教科書を探し、そのような作業を行ってみました。そこで見えてきたのは、驚くべき事実でした。

そのことについて触れる前に、まず戦中の教科書がどのようなものだったか、簡単にご紹介したいと思います。

私が戦中の教科書に出合ったのは3年ほど前、令和2年のことでした。戦中の小学3・4年生の国語の教科書『初等科国語』を読んで、大きな衝撃を受けました。

「天の岩屋」に始まり、神話・皇室・神社・祝祭日・軍人・尚武の精神・自然などが題材になっていて、私が学んだ教科書とは、まず扱っている題材が大きく違っていたのです。

そこに描かれている内容も、例えば軍隊について、戦後の教育では、「戦前戦中の日本はイケイケドンドンの軍国主義で、軍人、特に上官はふんぞり返って威張り、国民や兵卒をいじめた」というように教えます。ところが、そんな印象とはまったく異なる軍人像や国民との心温まる触れ合いが描かれていたのです！

「大演習」という話の中には、遠くから軍隊の大演習を見ていたら天皇陛下がお出ましになり、「風当りの強い高地であるのに、陛下は外とうをも召されず、熱心に戦況をごらんになって」いらっしゃる。そんな陛下のお姿に、「目が涙でいっぱいになりました」とあります。これを読んで私は、天皇と軍隊、国民の一体ぶりにも感じ入りました。こんな軍隊であれば、さぞかし強かっただろうなと、先人たちの強さの源を見た気がしました。

この話の中で私が一番驚いたのは、かつての軍隊が「民泊」していたことです。自分が予備自衛官であったにもかかわらず私は、それを知りませんでした。

演習を終えた兵隊さんが自分の家にも泊まるというので、ある小学生が急いで学校から帰宅します。お風呂上がりの兵隊さんに「銃や剣を見せてもらって大喜びの弟、夕飯の支度にいそがしいおかあさん。私も、兵隊さんの靴下を火にあぶって、かわかしてあげました」と、軍隊と国民が一体となっていた様子が生き生きと描かれて、兵隊さんの勇ましい姿を見送る家族の様子で締めくくられています。

こんな教科書で学んだら、小学生のうちから「日本人として踏まえておきたい大切なこと」を身に付けることができたに違いありません。通読して、戦後の日本人が失ったものの大きさを痛感しました。先ほどの、煉獄さんのお母さんの言葉ではありませんが、強いからこそ優しくなれたし、優しいからこそ強くならなければと考えたのだと思います。だからこそ、武を尊ぶ「尚武の精神」が重視されました。大事な存在を守るためには、最終的には命を賭してでも戦う覚悟が必要です。その覚悟を持った人間を「美しい」と感じてきたのが、日本の「美学」であったと思います。

ハート出版から発売されている、復刻版『初等科国語』「中学年版」は私が解説を書いています。他の学年のものや、他教科もありますので興味のある方はぜひ読んでみてください。

では、そのような心を育む教科書は、具体的にどのように墨塗りにされたのでしょうか。

「村祭」や「雪合戦」も危険視された戦後の教科書

墨塗り前後を比較してまず気が付いたのは、「文字」消去型と「内容まるごと」消去型、その中間型と、大別して3つのパターンがあることです。

消去された文字とは、具体的に「軍」と「戦」でした。例えば、「戦車」は「自動車」に、「軍艦」は「貨物船」に書き変えられていました。神話を題材にした内容でも、例えば神武天皇が「大和に進軍しました」は「大和に進みました」と書き変えられ、「軍」という文字を抜かれていました。

内容そのものが消されたのは、三年生の教科書（『初等科國語（こくご）　二』）では、村祭、潜水艦、軍旗、いもん袋、雪合戦、三勇士、東京など、四年生の教科書（『初等科國語　四』）では、観艦式、くりから谷、ひよどり越、萬壽姫（まんじゅひめ）、大演習、小さな伝令使、廣瀬（ひろせ）中佐、大阪、防空監視哨（かんししょう）、早春の満州などです。

軍や戦に一見関係のなさそうなものも、ありますね。例えば、「村祭」は、みなさんもよく知っている「むーらのちんじゅのかみさまのー」という、あの唱歌の歌詞ですが、なぜ墨塗りにされたのでしょう？

かつての日本は神社を中心に村など地域の共同体がひとつに強く結びついていました。特に、その団結力が強まるのが、みんなが力を合わせてお神輿（みこし）を担いだりする、お祭りのときでした。

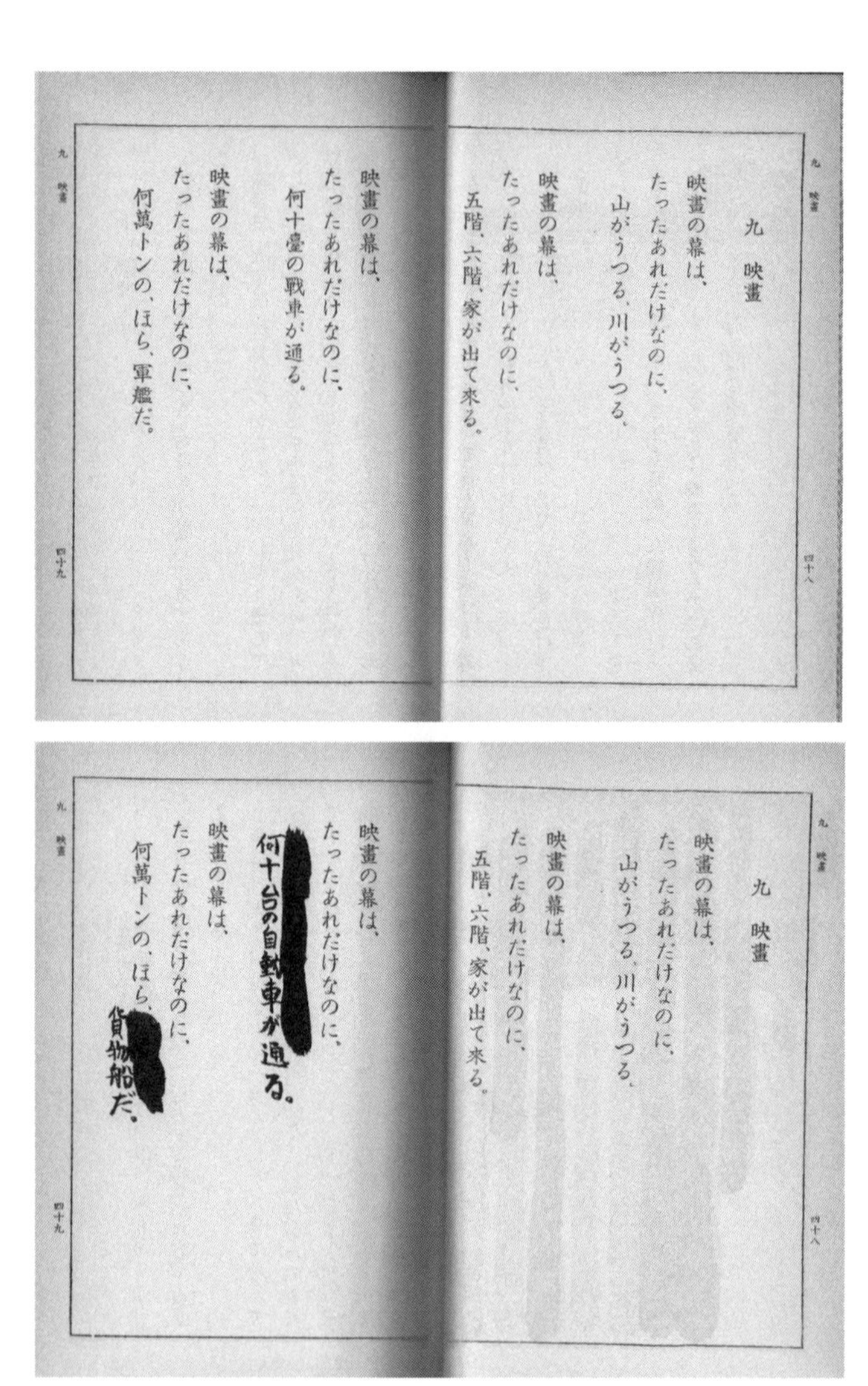

九　映畫

映畫の幕は、
たったあれだけなのに、
山がうつる、川がうつる、

映畫の幕は、
たったあれだけなのに、
五階、六階、家が出て來る。

映畫の幕は、
たったあれだけなのに、
何十臺の戰車が通る。

映畫の幕は、
たったあれだけなのに、
何萬トンの、ほら、軍艦だ。

九　映畫

映畫の幕は、
たったあれだけなのに、
山がうつる、川がうつる、

映畫の幕は、
たったあれだけなのに、
五階、六階、家が出て來る。

映畫の幕は、
たったあれだけなのに、
何十台の自動車が通る。

映畫の幕は、
たったあれだけなのに、
何萬トンの、ほら、貨物船だ。

「映画」墨塗り前（上）と墨塗り後（下）

ちなみに私は小学生のころ、お祭りでは「ワッショイ、ワッショイ」と子ども神輿を担いで町内を練り歩いたりしていたものの、公民館を起点に行われる町内会のイベントのような感覚で参加していました。が、お祭りというのはそもそも神社で行われる神事が中心で、賑やかな行事はそのおまけのようなものだということをまったく知りませんでした。五穀豊穣を神様に祈ったり感謝したりするのが村祭の核心です。お神輿は神様が乗る輿で、ご神威、つまり神様の力をみんなに振り撒くものだったのです。今考えると、楽しいお祭と神社が結びつかないようにされてしまったのも元はと言えば戦後のＧＨＱの策略で、私は見事にそこにはまっていたのだなぁと思います。

戦中の教科書に載っている「村祭」には三番があり、その歌詞はこうなっていました。

治まる御代に神様の
恵みたたえる村祭。
どんどんひゃらら、
どんひゃらら、
聞いても心が勇みたつ。

あなたのお人形は、私のポケットにしまってあります。

戦争する時も、お人形さんは、私といっしょです。

いろいろとありがたうございました。ときどき、おうちのことや、學校のことを知らせてください。私も、戰地のやうすを知らせてあげませう。みなさんに、よろしくお禮を申しあげてください。さやうなら。

十六　雪合戰

雪が降った。あたりが明かるくなって、氣がはればれとする。

學校へ行く時、雪の上を歩いて行った。ふり返って、足あとを見ると、くねくねと、曲ってついてゐた。向かふから、友田くんと小野くんがやって來た。

「おはやう。」

「おはやう。」

三人が、並んでまた雪の上を歩いたら、足あとも、並んでついた。學校の窓も、廊下も、雪で明かるい。

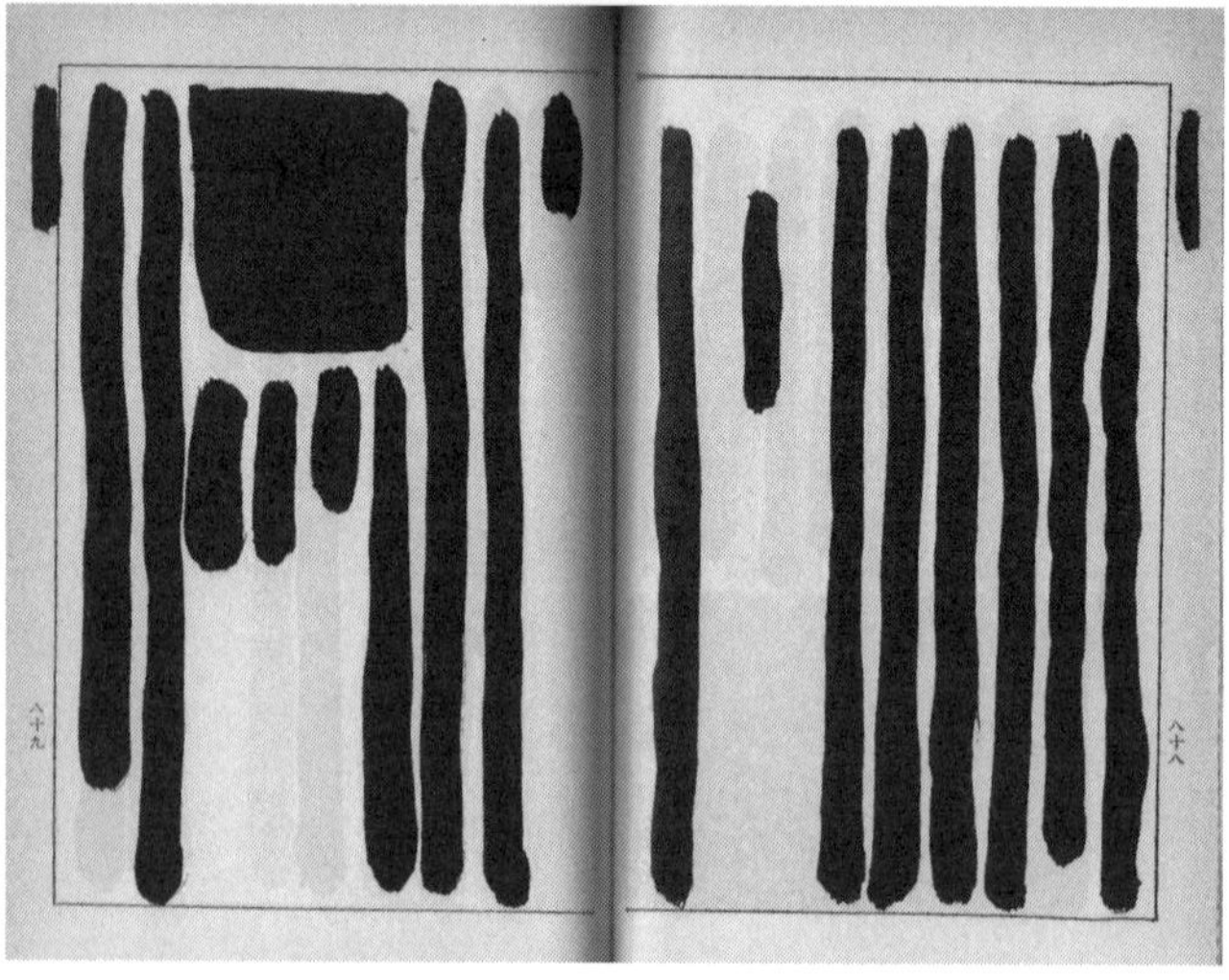

「雪合戦」墨塗り前（上）と墨塗り後（下）

「村祭」の本来の意味をしっかり伝えてくれていますよね。だからこそ、日本の強さの源のひとつと考えられ、墨塗りにされたのではないでしょうか。

また、「雪合戦」が消されているのも不思議ですよね？　子供の他愛のない遊びのはずなのに、なぜ消されたのでしょう？　よく読んでみると、そこに描かれているのは赤白の組に分かれて陣地を作り、それぞれが雪を盛って作った山を城に見立ててそのてっぺんに旗を立て、それを互いに奪い合うという、文字通り子供版の「合戦」です。

また、「雪合戦」の少し前に「軍旗」を学んでいるのですが、そこでは天皇陛下から頂いた軍旗を軍が大切にするさまが描かれています。

総じて考えると、雪合戦という子供の遊びでありながら、将来的に軍旗を守って戦うことにつながる精神を育むと考えられたからなのでしょう。それにしても、そこまで目くじら立てなくてもよいのに……と、思いませんか？

三勇士や廣瀬中佐は、実在の軍人です。

三勇士とは、昭和7（1932）年に第一次上海事変で敵陣の鉄条網を破壊するために破壊筒（とう）を抱えて突入、自爆し、味方の突撃路を開いた独立工兵第18大隊の江下武二（えしたたけじ）、北川丞（すすむ）、作江伊之助（さくえいのすけ）という3名の一等兵のこと。爆弾三勇士、肉弾三勇士とも呼ばれ、映画や歌、歌舞伎などにもなり、当時の日本人で知らない人はいなかったでしょう。

廣瀬中佐は、日露戦争に戦艦「朝日」の水雷長として出撃した海軍の軍人さんです。明治37年3月、ロシア海軍を旅順港に閉じ込めるための作戦で閉塞船「福井丸」の指揮官となり、船を自沈させるための自爆装置を仕掛けて行方不明になった杉野孫七上等兵曹を3度探したものの見つからず、やむを得ず離船しようとしてボートの上で被弾、戦死しました。享年35歳。死後、軍神として国民的英雄となり、郷里の大分県竹田市に広瀬神社が建立されました。

「村祭」と同じく「廣瀬中佐」も、唱歌の歌詞が、そのまま国語の教科書の題材にもなっていました。

かつて東京の神田駅と御茶ノ水の駅の間にあった万世橋（まんせいばし）駅前には、廣瀬中佐と杉野上等兵曹の巨大な銅像が建っていたのですが、大東亜戦争後の昭和22年、「軍国主義イデオロギー」色が濃いという理由で撤去されています。

「廣瀬中佐」は陸海軍を通じて「軍神」とされた実在の人物の第一号でした。「三勇士」も軍神と呼ばれましたが、他に「軍神」とされた軍人は「東郷平八郎元帥（げんすい）」「乃木希典（まれすけ）大将」「橘（たちばな）周太中佐」などです。みなさんは、こうした方々のことをどれくらい知っているでしょうか？

「小さな伝令使」は、軍隊の伝令役を担っていた鳩のお話です。戦争中は、鳩ばかりでなく、馬や犬も、軍馬や軍犬として活躍しました。日本人はそうした動物や鳥に対しても、一緒に戦ってくれたことを感謝し、死んでしまったときにはその霊を慰めようと慰霊碑を作りました。靖国神社には、今でも軍馬・軍犬・軍鳩の慰霊碑があり、毎年4月に慰霊祭が行われています。

そして、私が驚いたのは「防空監視哨」です。防空監視哨とは、今でいうレーダーサイトのことなのですが、教科書の中で擬人化されていて防空監視哨が一人称で語り掛けてきます。

今にも、もし、空のどこかに、
かすかなうなり声が聞こえ、
飛ぶ虫の群のように、飛行機が見えたら、
私たちの全神経が、いなずまのように動きます。

という具合に。

動物や鳥ばかりか、無生物にさえ、このように温かいまなざしを注いでいることに感じ入りました。

ここまでご紹介してきたのは墨塗りにされた内容ですが、自然に関する題材など墨塗りを免れたところも含めて、教科書に通底しているのは「優しさ」だと私は感じました。言い換えると、互いを尊重すること、と言えるかもしれません。

人間同士はもちろん、動物や鳥、無生物に対してさえ、感謝し、尊重する。考えてみたら、日本人は「針供養」や「人形供養」などに表れるように、物にさえ魂が宿っているかのように扱い、大切にするという価値観を受け継いでいますよね。これはまさに、建国の理念である「八紘為宇」から連綿と受け継がれてきた素敵な文化であり、伝統だと私は思います。

なので、「日本は、そもそもどんな国?」と聞かれたら、今の私は「八紘為宇の国」と答えるでしょう。

そして、そんな国柄が戦後政策によって失われてしまったことをとても残念に思います。

このままにしておくことは、ご先祖さまにも、これから生まれてくる未来の日本人にも申し訳ないと感じてしまいます。

だから、「本来の日本」を取り戻したい。そのために、まずは、戦後の日本から具体的に何が奪われたのかを知ることが必要です。だからこそ、墨塗り教科書の墨を剝ぎ、その下に書かれていたことを知ることは大きな意味があると思うのです。

豆知識コラム③

憲法９条改正は必要か

昭和22（1947）年に施行された日本国憲法第９条に、「日本国民は、正義と秩序を基調とする国際平和を誠実に希求し、国権の発動たる戦争と、武力による威嚇又は武力の行使は、国際紛争を解決する手段としては、永久にこれを放棄する。

２　前項の目的を達するため、陸海空軍その他の戦力は、これを保持しない。国の交戦権は、これを認めない。」

という条項があります。

この解釈をめぐり、自衛隊を有することは憲法９条に反していると言う憲法学者もいます。政府の解釈は「日本が独立国である以上、主権国家としての固有の自衛権を否定するものではない」としています。

令和５（2023）年４月のNHK世論調査（3275人中1544人が回答）では、憲法９条を改正する必要があると思うかという質問に対して「改正する必要があると思う」が35%、「改正する必要はないと思う」が19%でした。改正の必要があると答えた人の理由は「日本を取りまく安全保障の変化に対応するため必要だから」が54%と最多でした。

考え方は人それぞれですが、まずはこうした問題に関心を持ち考えることから始めてみましょう。

第四章

天皇陛下はどういう存在か知っていますか?

1. 万葉集にみる天皇と防人（さきもり）

「安全保障」とは、国や国民を外部の攻撃から守ることです。では、日本や日本国民の中核的な存在とは何でしょうか？

結論を先に言ってしまうと、そんな存在こそが「天皇」です。戦後の政策でぼやかされてしまいましたが、そもそも天皇とはどういう存在なのか、見てみたいと思います。

第二の国歌「海ゆかば」を知っていますか？

第三章の墨塗り教科書の話をもう少し続けます。

奈良時代末期に成立したとみられる、日本に現存する最古の和歌集「万葉集」について『初等科國語　八』には、こんな記述が出てきます（以下、古語のルビは現代仮名遣いにしています）。

今を去る千二百年の昔、東國から徴集されて、九州方面の守備に向かつた兵士の一人が、

今日よりはかへりみなくて大君のしこの御楯と出で立つわれは

といふ歌をよんでゐる。「今日以降は、一身一家をかへりみることなく、いやしい身ながら、大君の御楯となって出發するのである」といふ意味で、まことによく国民の本分、軍人としてのりっぱな覺悟を表した歌である。かういふ兵士やその家族たちの歌が、萬葉集に多く見えてゐる。

（『初等科國語　八』「萬葉集」より）

「大君」というのは、天皇のことですね。
そして、さらにこのように続きます。

御代御代の天皇の御製を始め奉り、そのころのほとんどあらゆる身分の人々の作、約四千五百首を二十巻に収めたのが、萬葉集である。かく上下を問はず、國民一般が、事に觸れ物に感じて歌をよむといふのは、わが国民性の特色といふべきである。

このように、天皇に始まり、貴族、下級官人、防人、大道芸人、農民、東国民謡（東歌）など、様々な身分の人々の歌が、分け隔てなく収められているというのは、とても日本らしいと思います。作者不詳の和歌も２１００首以上あります。７世紀前半から天平宝字３（７５９）年までの約１３０年間の歌が収録されています。成立は７５９年から宝亀11（７８０）年ごろにかけてとみられ、大伴家持らが編纂したとされています。

万葉集の和歌は、もともとすべて漢字（万葉仮名を含む）で書かれていました。

教科書の記述は、さらに、こう続きます。

武門の家である大伴氏・佐伯氏が、上代からいひ伝えて来たのを、大伴家持が長歌の中によみ入れた次のことばは、今日國民の間に広く歌はれている。

海行かば水づくかばね、
山行かば草むすかばね、
大君の邊にこそ死なめ、
かへりみはせじ。

「海を進むなら、水にひたるかばねともなれ、山を進むなら、草の生えるかばねともなれ、大君のお側で死なう、この身はどうなってもかまはない。」といつた意味で、まことにををしい精神を傳へ、忠勇の心がみなぎつてゐる。萬葉集の歌には、かうした國民的感激に満ち溢れたものが多い。

ここで紹介されているのは、「海ゆかば」という歌の歌詞なのですが、みなさんは、この歌を知っていますか？

実は、この歌は戦中までは「第二の国歌」「準国歌」とも呼ばれるくらい、広く国民に親しまれていました。ですが、おそらく戦後教育を受けて育ったみなさんは、ほとんど知らないのではないでしょうか？　その理由は、もうおわかりですね。こうした記述が、戦後すべて墨塗りにされてしまったからです。併せて、音楽の教科書からも消されてしまいました。

令和3（2021）年の8月15日に靖国神社境内で開催された「靖国の心を未来へ！感謝の心をつなぐ青年フォーラム」の中で河野るりさんという20代の女性が、こんなスピーチをしました。

まだ学生だった平成30年、8月17日の独立記念日前後に行われたインドネシア研修に参加し、そこで日本兵とともに戦ったサニー大佐という方にお話を伺うことができました。サニー大佐は、「日本人がいなければ、我々は独立できなかった。教官たちは時に厳しかったが、父親のような存在だった。心から感謝している」と語り、最後に『海ゆかば』を一緒に歌いたい」と仰いました。

ですが、私は歌の存在そのものを知りませんでした。インドネシアの地で、サニー大佐の口から聞いたその時に初めて「海ゆかば」を知るとともに、こうした経験を通じて、先人たちの真の姿を知ることができ、それがひいては、自分が日本人であることに誇りを持つことにもつながり、サニー大佐をはじめインドネシアの方々に深く感謝しています。

この歌詞は、「大伴家持が長歌の中によみ入れた」とありますが、その長歌とは、『万葉集』巻十八に収められている「賀陸奥国出金詔書歌」、つまり、陸奥国に金が出たことに対する詔書（天皇の詔）を喜び祝う歌です。

陸奥の国に金が出たことを、なぜ天皇が喜んだのでしょうか？

それは、奈良の東大寺の大仏に金メッキをほどこすのに必要だったからです。

聖武天皇の発願によって建立された大仏ですが、あまりに大きかったこともあり、金が不足して困っていたところに、現在の宮城県遠田郡から金が出土しました。喜んだ聖武天皇は、詔をお出しになり、神仏および諸臣に感謝の意を表しました。その中で、大伴氏についても個別に言及なさったことから、それを読んだ大伴家持も感激し、長歌を読んだのです。大伴家、佐伯家は代々天皇をお守りする家柄でした。そこに、「言立て」（家訓）として先祖から口伝えに受け継がれてきたのが、長歌の中の、まさにこの歌詞になった部分です。臣下である自分たちにも感謝のお気持ちをお忘れにならない天皇に対し、「自分の身は、どうなろうとも、お守りしよう」という、強い覚悟のほどが表れていますよね。

日本史上初！ 古典が典拠になった元号「令和」

「令和」という現在の元号も、出典元は「万葉集」です。「万葉集」の梅花の歌、三十二首の序文。

初春の令月にして、気淑く風和ぎ、梅は鏡前の粉を抜き、蘭は珮後の香を薫らす

「時あたかも新春の好き月、空気は美しく風はやわらかに、梅は美女の鏡の前に装う白粉のごとく白く咲き、蘭は身を飾った香の如きかおりをただよわせている」（「令和」を考案したとみられる中西進さんの昭和59年の著書「萬葉集 全訳注 原文付」の中での訳）

奈良時代の初め、大宰府長官だった大伴旅人の邸宅で「梅花の宴」が開かれました。大伴旅人は、大伴家持の息子です。当時、中国から渡ってきたばかりで珍しかった梅の花を題材に32人が詠んだ歌をまとめた序文として、大伴旅人自身が書いたものです。

元号の典拠が日本の古典となったのは、史上初のこと。記録が明確に確認できる６４５年の「大化」から「平成」まで元号は２４７ありますが、すべて漢籍（中国人が漢文で書いた書物）が出典でした。ですので、日本史的に見てもこれは画期的なことなのです。加えて、当時の安倍晋三首相によると「咲き誇る梅の花のように日本人一人一人に輝いてほしい」という意味が込められているということで、私は大変嬉しく思いました。

先ほど私は、万葉集には「防人」の歌も収められていると書きましたが、みなさんは、この漢字、読めましたか？「さきもり」と読み、元はと言えば、天智２（６６３）年、朝鮮半島の百済救済のために出兵した倭軍が白村江の戦いに敗れたことから、唐からの攻撃に備えて諸国から集められ、北九州防衛にあたった兵士たちのことです。そこから転じて、現代では、危険と隣り合わせて国や地域社会を守る人々、具体的には、自衛官をはじめ警察官・消防官・海上保安官などを、比喩的にそう呼ぶことがあります。

私は、「防人と歩む会」という、主として自衛官を念頭に、防人と国民の懸け橋になろうという趣旨の会の会長を務めているのですが、ある時、防衛省を訪ねたら、正門の受付で対応してくれた女性に「ボウジンと歩む会」と読まれてショックを受けました。なので、みなさんは、ぜひ「さきもり」をしっかり覚えておいてくださいね。

歴代の「防人」たちは、まさに「海ゆかば」の歌詞に見られるような思いを胸に、戦ってきたのだと思います。

第三章でペリリュー島の戦いについてお伝えしました。米軍が2、3日で片付けられると思っていた島で71日間も持ちこたえた日本軍。その筆舌に尽くしがたい戦いぶりに天皇陛下は大変心を動かされ、11回ものご嘉賞(かしょう)（お褒(ほ)めの言葉）を送られています。これは大変異例なことで、最後の方は、もう無線も通じず、実際には守備隊のもとに天皇陛下のお言葉は届いていなかったでしょう。それでも「送ってくれ」と陛下は望まれたのだそうです。

戦後、日本軍の強さの源を知った米軍は、ペリリュー島のことを、こう呼びました。

「天皇の島」と。

2．誤解の多い天皇像

国民と一体になって歩んできた歴代天皇

みなさんは、「天皇」というご存在について、どんな印象を持っていますか？

序章でもお伝えしたように、戦後教育の中で育った私は、長く天皇制に反対でした。天皇を中心とする皇室は「国民の税金で贅沢な暮らしをしている」と思っていましたし、叙勲に象徴されるように「権威の象徴」、つまり「本来平等であるべき国民に階級をつけ不平等にする大本（おおもと）」だとも思い込んでいました。

しかし、大学生時代に貸りた、ある本が私に転機をもたらしました。そこには天皇は「国の平和と国民の安寧を祈る人」と書かれていたのです。

学校では天皇の務めとして「内閣総理大臣の任命」や「国会の召集」、「国賓へのご会見」などは習いましたが、一番大切なお務めである「祈り」についてはまったく教えられたことがありませんでした。ですので大変驚きましたが、今にして思えば、それもそのはず、戦後GHQは神道指令を出し、宮中で行われる祭祀を皇室の「私的な行事」にしてしまったからです。この本との出会いを契機にだんだん私の思い込みは薄れ、天皇陛下ほど「無私」のご存在はないと知るに至りました。

歴史を遡れば、第16代の仁徳天皇は難波高津宮（なにわたかつのみや）に都をお移しになり、ある日高台にお登りになって村々をご覧になると、民家から立ち上る煙がほとんどありませんでした。飢饉が続き、「民は窮乏して炊くものがないのでないか。都がこうだから、地方はなおひどいことであろう」と、向こう3年間の租税をお免じになりました。

そして、ご自身も極端に倹約した生活をなされ、お着物が破れてもお繕（つくろ）いもなさらず、宮廷内の雨漏りもお直しにならず、御寝所に月の光が差すような有り様になってもお気に留めることもありませんでした。3年経って再び高台から村をご覧になると、家々から賑やかに竈（かまど）の煙が立ち上っていました。非常にお喜びになった天皇は、「朕（ちん）は既に富んだ！」と仰せになったそうです。

国民は長い間皇室にご不自由をかけていたので、生活が安定すると先を争って租税を納め、御殿の修築をなさることを願いましたが、天皇はなおお聞き入れにならず、さらに3年間の租税を免じることになさいました。感激した国民は、さらに一生懸命働き、力を蓄え、ようやく国内が富んできました。それを確認なさったうえで、その3年後に租税を再開され、御殿も美しく修築なさいました。そして、大規模な灌漑など様々な社会事業もお始めになったことから、田畑が広がり、国は大いに発展しました。天皇は民から敬い慕われ、「聖帝」と呼ばれるようになりました。

ちなみに、歴代の天皇が「〇〇天皇」という諡で呼ばれるのは死後のことで、生前の業績に基づいて名付けられます。よって、仁徳というのも、こうした生前の仁政に由来しているのです。明治からは「元号＝諡」になっています。

その後も、「千年に一度」と言われた東日本大震災と同規模だった貞観11（869）年の貞観大地震に際して、第56代清和天皇は、次のような趣旨の詔を出されています。

「聞くところによれば、陸奥の国境で地震がもっともはげしく、津波が猛威をふるい、建物が倒壊して、大惨事になった。国民になんの罪があって、こうした災いが起きるのか。私は、恥じておそれいるばかりであり、責任は深く私にある。いま、使者をつかわして、施しを行うこととしたが、朝廷に従っている民もそうでない民も区別することなく、自ら現場に臨んで、慰めるように。死者のとむらいには手をつくし、生存者には金品をあたえ、税金を減免し、困った人たちにはそれぞれの事情にあった手厚い支援を、私自身が被災者を思う気持ちを体して行ってほしい」

また、第122代明治天皇は日清戦争時、出征中の兵士を思い、広島の大本営でも粗末な木造の司令部で起居し、常に軍服を着用して暖炉も使いませんでした。

マッカーサーをも驚嘆させた、敗戦後の昭和天皇

さらに、大東亜戦争敗戦後の昭和20年9月27日、昭和天皇はアメリカ大使館にGHQのマッカーサー最高司令官を訪ね、こう述べられました。

「私は日本の戦争遂行に伴ういかなることにも、事件にも全責任をとります。また私は日本の名においてなされたすべての軍事指揮官、軍人および政治家の行為に対しても直接責任を負います」

「戦争の結果、現在国民は飢餓に瀕している。このままでは罪のない国民に多数の餓死者

が出るおそれがあるから、アメリカにぜひ、食糧援助をお願いしたい。ここに皇室財産の有価証券類をまとめて持参したので、その費用の一部に充てて頂ければ仕合せである」

そう言って、陛下は大きな風呂敷をマッカーサーの机の上に差し出されたそうです。

天皇が命乞いに来たとばかり思っていたマッカーサーは心底驚き、やおら立ち上がって陛下の前へ進み、抱きつかんばかりの勢いで御手を握り、言いました。

「私は初めて神の如き帝王を見た」

そして、陛下が帰られる際には、自ら出口まで見送ったといいます。

このように歴代天皇が民を思い、寄り添ってきたエピソードは枚挙に暇がありません。

これは、西洋の王様や君主、中国の皇帝とは対照的ですから、マッカーサーが驚いたのも無理もありません。国家を代表する立場であることは共通していますが、民との関わり方がまったく違っています。世界の国王や皇帝は、軍事力でその地位を得、強大な権力で民を支配してきましたが、一方で、高い城壁を築き、大勢の兵士でもって、その地位が脅かされないように自らを守らなければなりませんでした。そこまでしても、外敵のみならず、時には民の蜂起によってその地位が脅かされ、奪われることもあったのです。

これに対して、日本はどうでしょう？　明治維新まで約５００年間、天皇が住まわれていた京都御所にはお堀も聳え立つ城壁もありません。その気になれば、あっという間に攻め落とせるようなところに天皇がお住まいになっていたことに、諸外国の人々は仰天するそうです。

また、大東亜戦争が終わった当時、連合国軍の間では天皇を処罰せよという声が高まっていました。が、国民にそれが伝わると、1000通を超える手紙がGHQに届きました。中には、「天皇のご安泰を保障される代わりならば、ほんとうに私どもの生命を喜んで閣下のお国へ差し上げます」という文章や血判もあったそうです。その後、昭和天皇が自らのご意思で全国を巡幸された際にも、当初GHQは「天皇は戦犯だ」「息子を殺した」などと天皇を糾弾する国民が押し寄せることを警戒していたそうですが、現実はその逆で、国民は歓喜をもって天皇を迎えました。そして、そのお姿に励まされ、その後、必死の思いで焦土と化した日本の再建へと邁進したのです。

現代でも天皇皇后両陛下が地方へ行幸啓されるとき、仰々しい警備などなくても人々と間近に触れ合っておられますよね。これは日本においては当たり前でも、世界的に見たら、目を丸くするような光景なのです。

「鬼気迫る覚悟」で国民を守ろうとした孝明天皇

天皇が宮中で行う祭祀の中で私が驚いたのは、元旦の四方拝(しほうはい)です。国民が初詣に向かうころ、神嘉殿(しんかでん)南庭では歴代の天皇が伊勢の神宮、山陵および四方の神々をご遥拝(ようはい)になり、以下のような祈りを捧げてくださっています。

「盗賊の災いが国民に降りかからずわが身を通過しますように。毒の災いが国民に降りかからずわが身を通過しますように。危難が国民に降りかからずわが身を通過しますように。五つの陥りやすい危険や君臣・親子の対立など六害は国民に降りかからずわが身を通過しますように。万病を癒(い)やし、私の欲していること悩んでいることを、早く実現させてください」

我々国民に知られずとも、天皇は常に「国安かれ、民安かれ」と祈ってくださっています。親が子を思うような気持ちで国民を「大御宝(おおみたから)」として慈しんでくださる天皇は、「国父」つまり国の父のようなご存在でしょう。国民もまた天皇を敬愛し、日本は「天皇を中心とした一つの家のような国」として長い歴史を紡いできたのです。このように天皇と国民が精神的な絆で結ばれた「君民一体」が日本の国柄でしょう。

それにもかかわらず、戦後の教育やマスメディアは天皇像を歪めて伝えてきました。時代劇などで描かれる天皇は、御簾の向こうにいてなよなよとし、庶民の暮らしに関心がない「お公家さん」の象徴のように描かれることが多いですよね。これは大きな印象操作だと言えます。


歴代天皇の事績を知る中でもっとも衝撃的だったのは、幕末を生きた孝明天皇が出された「時局御軫念の御述懐」という勅書でした。黒船来航に始まる外国からの開国圧力に右往左往する幕府に対し、弱腰外交では国を守れないと危惧した天皇が意を決して出した勅書です。長いのでかいつまんで紹介します。

「二百年余の太平に慣れ、緊張感を忘れ、軍備を怠ってきたところに、ペリーが来航し和親条約を結んでしまった。以来、外国に主導権をとられた状態で、今度は通商条約の締結を迫られ、幕府がその許可を求めてきたが、到底受け入れられるものではない。ところが、わずか十日あまりの間に幕府は勝手に条約を結んで通商を開き、それを『仕方なかった』と一片の紙切れで報告してきた。これは朝廷を侮る行為で甚だ無礼である。幕府は攘夷を求める正義の者を排斥している。このような処置に反発した者たちによって反乱が起きれば、外国がその機に乗じて戦を起こすのではないかと危惧する。国難に公武が一丸となって立ち向かうため、忍び難く思いながらも妹の和宮を徳川第14代将軍家茂（いえもち）へと降嫁させた」。

そして、結びの言葉が、こちらです。

「ぐずぐずして従来のやり方を改めないならば、国家が疲弊し外国の思うツボにはまり西洋人に膝を屈する事になる。戒（いまし）めとすべきインドの二の舞になるとしたなら、私は何と先帝や祖先の霊に謝ればよいのか、とても顔向けができない」とし、さらに、「十年以内に外国打払いの軍事行動を取るという私の命令にもし幕府が従わなかったら、私自身が神武天皇、神功皇后（じんぐうこうごう）の遺業に習い、公家百官と全国の大名を率いて親（みずか）ら外敵を征伐する。あなた方は、私の思いをしっかり受け止めて、私に従いなさい」と。

鬼気迫る覚悟が伝わってきますよね。

孝明天皇を突き動かしていた思いは、次の御製（ぎょせい）（天皇が詠（よ）んだ和歌）によく表れていると思います。

すみのえの水に我が身は沈むとも
濁しはせじな四方の國民

「我が身はどうなろうとも決して国民を汚しはしない」という、捨て身で国民を守ろうとする天皇のお姿がそこにあります。

3．国民とともに日本の平和を願われる皇室の未来

天皇陛下ご即位を祝う国民祭典で感じた日本人としての幸せ

令和元（2019）年11月9日、皇居前広場で行われた「天皇陛下御即位をお祝いする国民祭典」には、延べ約7万人（第一部「奉祝まつり」約3万人、第二部「祝賀式典」約4万人）が集まりました。二重橋に天皇皇后両陛下がお出ましになったときのこと。さわさわと日の丸の小旗が振られる音が背後からさざ波のように押し寄せてきました。その波に乗って、私も手にした小旗を振りました。日の丸の波に視界が埋め尽くされたかに見えたとき、波間に、天皇皇后両陛下のお姿がありました。肉眼で拝見するのは難しいと思っていただけに、言いようのない感慨が込み上げてきました。陛下に直接お目にかかった人

が「涙が出てきた」と話すのを他人事のように聞いてきた私ですが、そんな自分にも同様の感情が湧き起こったことに戸惑いを感じたことを覚えています。

陸海空自衛隊合同音楽隊の演奏に始まり、丸の内のビル群から昇ってきた令月に見守られながら進行した祝賀式典のクライマックスは、岡田惠和（よしかず）作詞、菅野よう子作曲の奉祝曲「Ray of Water（レイ オブ ウォーター）」（水にさしこむまばゆい光）の演奏でした。これは、天皇陛下が長年研究されている「水」をテーマにした楽曲です。

第一楽章「海神（かいしん）」はオーケストラ演奏、第二楽章「虹の子ども」は辻井伸行さんのピアノ演奏、そして第三楽章「Journey to Harmony（ジャーニー トゥ ハーモニー）」は人気グループ「嵐」による歌唱を主とした、美しくも壮大な組曲でした。

「君が笑えば世界は輝く……」と思わず口ずさみたくなる歌詞とメロディーで紡がれ、天皇陛下と国民が一体となって和する日本の国柄が表現されていました。皇后陛下は、途中で涙ぐまれたようにもお見受けしましたが、基本的に両陛下は穏やかな笑みを浮かべながらお聴きになっておられました。

そのお姿に「国民は大御宝」なのだと実感しました。そして、その「大御宝」に自分も含まれると思い当たったとき、言いようのない幸福感に包まれました。

奉祝に集った数万人が陛下を中心に和しているこの瞬間を体に刻みたいという思いとともに、ある思いが湧き起こりました。「国民として陛下をお守りしなければ」と。これは、悠久の歴史の中で多くの先人達が同様に抱いた感情だったのではないでしょうか。

天皇皇后両陛下ご退出にあたっては、「天皇陛下万歳」がいくたびも繰り返されました。靖国神社の遊就館や鹿児島県の知覧(ちらん)特攻平和会館はじめ各地に残されている軍人の遺書には、随所に「天皇陛下萬歳(ばんざい)」と認(したた)められています。戦後教育では、これを軍国主義に洗脳されていた結果だと習いますが、少なくとも、「天皇陛下御即位をお祝いする国民祭典」で繰り返された「天皇陛下万歳」に軍国主義を感じる人は、誰一人いなかったでしょう。むしろ、陛下への敬愛の念と、天皇という存在を中心に同時代の人とも過去や未来の人ともひとつになれる日本人であることへの喜びから自然発生的に湧き上がった、国民感情の発露(はつろ)であったように思います。日本人であることの幸せを、しみじみと噛みしめた一夜でした。

知っておきたい、皇位継承に関する問題

歴代の天皇は、今上陛下に至る126代すべて、「父親をたどっていけば初代・神武天皇につながる血統」、つまり男系で受け継がれてきていることを知っていますか？（「皇室家系略図」参照）これを「万世一系」といいます。

その皇統を巡って、憂慮すべきことがあります。皇位継承に関する問題です。

平成から令和への御代替わりに先だち、平成29（2017）年6月に国会で審議された「天皇の退位等に関する皇室典範特例法」の付帯決議では、「安定的な皇位の継承を確保するための諸課題、女性宮家創設等」を速やかに検討し、国会に報告することが求められました。皇室典範とは、皇室に関する事項を定めた法律です。

ところが、新型コロナウイルスなどの影響などで議論の開始が遅れ、菅義偉内閣が有識者会議を設置し、初会合を持ったのは令和3年3月23日でした。以後、専門家21人から5回に及ぶヒアリングを行うなどして、12月にかけて13回の会議を重ね、最終報告書がまとめられました。

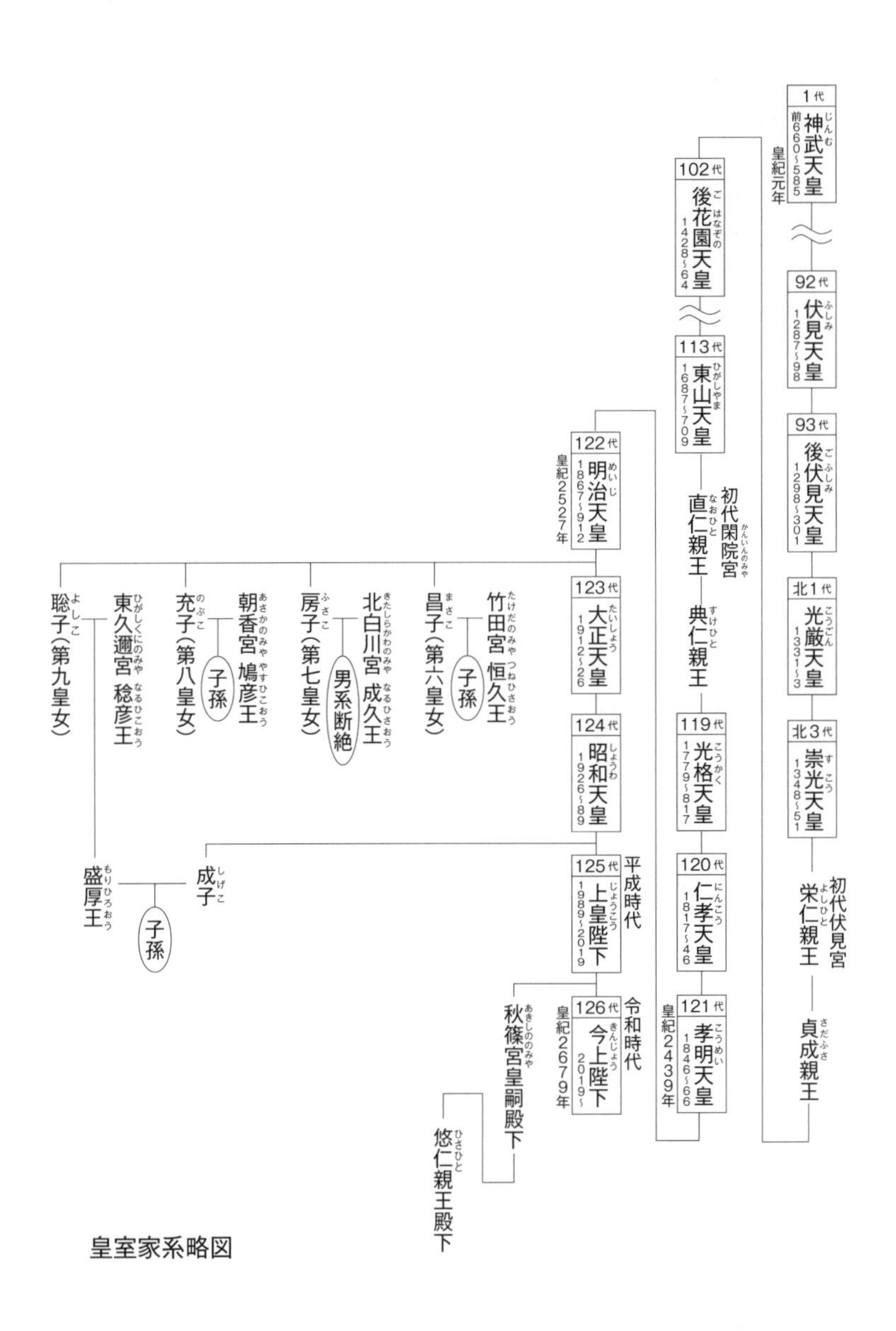

1代
神武天皇
前660~585
皇紀元年
92代
伏見天皇
1287~98
93代
後伏見天皇
1298~301
北1代
光厳天皇
1331~3
北3代
崇光天皇
1348~51
初代伏見宮
栄仁親王
貞成親王
102代
後花園天皇
1428~64
113代
東山天皇
1687~709
初代閑院宮
直仁親王
典仁親王
119代
光格天皇
1779~817
120代
仁孝天皇
1817~46
121代
孝明天皇
1846~66
皇紀2439年
122代
明治天皇
1867~912
皇紀2527年
123代
大正天皇
1912~26
124代
昭和天皇
1926~89
125代
上皇陛下
1989~2019
平成時代
126代
今上陛下
2019~
令和時代
皇紀2679年
秋篠宮皇嗣殿下
悠仁親王殿下
竹田宮 恒久王
子孫
昌子（第六皇女）
北白川宮 成久王
男系断絶
房子（第七皇女）
朝香宮 鳩彦王
子孫
允子（第八皇女）
東久邇宮 稔彦王
聡子（第九皇女）
盛厚王
子孫
成子

皇室家系略図

途中で首相が交代し、令和4年1月、岸田文雄首相から国会に提出された最終報告書が示した「皇族数の確保」についての具体的方策は、次の3案です。

① 女性皇族（内親王・女王）が婚姻後も皇族の身分を保持する。
② 皇族には認められていない養子縁組を可能とし、皇統に属する男系の男子を皇族とする。
③ 皇統に属する男系の男子を法律により直接皇族とする。

報告書が、皇位の継承は国家の基本であり、制度的安定性が極めて重要という認識のもと、天皇陛下、秋篠宮皇嗣殿下、悠仁親王殿下という皇位継承の流れを「ゆるがせにしてはならない」としたことに、私はまず安堵しました。

そもそも、戦後、宮家の数が大幅に減ったのも、昭和20（1945）年11月、GHQが皇室財産の凍結を指令し、生活費を除く一切の財産を凍結したうえに税率90パーセントにも上る物品税を課して皇室財産を没収したことに起因しています。その結果、昭和天皇の弟君である三直宮家（秩父宮、高松宮、三笠宮）（「皇室の構成」参照）以外の11宮家皇室の構成（宮内庁ホームページを参考に作成。）

□崩御・薨去された方

昭和天皇 ＝ 香淳皇后

- 上皇陛下（明仁）＝ 上皇后陛下（美智子）
  - 天皇陛下（徳仁）＝ 皇后陛下（雅子）
    - 愛子内親王殿下
  - 秋篠宮 皇嗣殿下（文仁）＝ 秋篠宮 皇嗣妃殿下（紀子）
    - 佳子内親王殿下
    - 悠仁親王殿下
  - 常陸宮 正仁親王殿下 ＝ 常陸宮妃 華子殿下
- 秩父宮 雍仁親王 ＝ 秩父宮妃 勢津子
- 高松宮 宣仁親王 ＝ 高松宮妃 喜久子
- 三笠宮 崇仁親王 ＝ 三笠宮妃 百合子殿下
  - 寛仁親王（三笠宮）＝ 妃 信子殿下（三笠宮）
    - 彬子女王殿下
    - 瑶子女王殿下
  - 桂宮 宜仁親王
  - 高円宮 憲仁親王 ＝ 高円宮妃 久子殿下
    - 承子女王殿下

（伏見、閑院、久邇、山階、北白川、梨本、賀陽、東伏見、朝香、竹田、東久邇）は、昭和22年10月14日に皇籍離脱を余儀なくされました。しかしながら、このとき臣籍降下された旧11宮家の男子の方々は、同年5月3日に施行された日本国憲法および現行の皇室典範の下でも5か月間、皇位継承資格を有していました。さらに、その子孫に男系男子の方々が複数おいでになるという重要な事実も、今回の報告書に書き込まれたことは画期的だと思います。

「皇籍離脱以降、70年以上も一般国民として過ごしてきた方々は俗世にまみれすぎていて、国民の理解と支持を得るのは難しい」という意見もあります。

しかし、②、③案の対象となる男系男子の方々は、皇族と旧皇族の親睦団体である「菊栄親睦会」に参加されていて、いざというときは皇室をお支えする覚悟をお持ちだともいわれています。

また、皇籍復帰して頂く方は何も成人である必要はありません。むしろ、旧11宮家の中の生まれたての男子を②案のように現宮家の養子としてお迎えするほうが、生まれながらにして皇族という環境でお過ごしできますし、現存する宮家の数を増やす必要もないので法的なハードルも低くなります。また、旧宮家の男子がご結婚された際に「夫婦養子」として現宮家にお入り頂くという方法もあります。

歴史上「女性天皇」は存在しても「女系天皇」は存在していない

「そもそも論」を言うと、皇統問題は国民がしのごの言う話ではありません。ですが、政府が一貫して「男系継承を重視しつつ、国民世論の動向を注視し、検討を進める」と繰り返しているということは、「国民世論の動向」が今後を左右してしまう可能性があります。では、その国民はいったいどれくらい皇統に関する正しい認識を持っているでしょうか。

ＮＨＫの世論調査（２０１９年９月末）によると、「女性天皇に賛成」が77パーセント（反対12パーセント）、「女系天皇に賛成」が71パーセント（反対13パーセント）に上る一方で、「女系天皇の意味を知らない」が52パーセントです。つまり、過半数の人が意味を知らずに、女性天皇・女系天皇に賛成しています。皇統を巡る歴史や文化を知らずに男女同権という社会的風潮の流れで、なんとなく賛成している人がほとんどなのではないかと私は見ています。「安定的な皇位継承のために皇室制度を改める必要がある」と答えた人も54パーセント（「必要ない」31パーセント）と半数を超えていました。

確かに歴史上、十代八方の女性天皇が存在していました。「代」と「人数」に差があるのは、お二方が重祚（第35代皇極天皇と第37代斉明天皇、および第46代孝謙天皇と第48代称徳天皇はそれぞれ同一人物）しているためです。女性天皇はすべて、次の天皇となるべき方が幼少であったり、なかなか決まらなかったりしたことによる中継ぎとしての即位でした。どの女性天皇も、未亡人もしくは生涯独身を通され、在位中にお子様をお生みになることはなかったため、女系天皇（父親をたどっても神武天皇につながらない天皇）は存在していません。

「国民世論」に影響を与えかねない「愛子天皇」待望論が、女性誌などを中心に散見されます。仮に愛子天皇が実現したならば、父親は今上陛下なので女系ではなく「男系の女性天皇」です。しかし、現代にあって、天皇となられた愛子さまに「結婚や出産を控えるように」などと道義的にも人権的にも言えないでしょう。愛子天皇が一般男性と結婚されたら、その子供は男子であれ女子であれ自ずと女系天皇になります。その方を「天皇」と認める人もいれば、認めない人も出てくるという事態になるでしょう。日本という国が中心を失い、バラバラになってしまうであろうことは想像に難くありません。

「女性宮家」も同様です。秋篠宮家のご長女、眞子さまは、民間男性の小室圭さんと結婚し、皇籍を離脱されました。仮に女性宮家として皇族に残り、夫の小室さんが皇族となれば、そのお子様は女系となっていたでしょう。宮家とは、本来、直系という主柱から男子が絶えたときに、傍系から男子を迎えて皇位を継がせるための支柱、竹田恒泰（つねやす）氏の言うところの「血の伴走者」です。女性宮家を認めることは、その大前提が変質し、やはり「女系天皇」への道を開くことになりますから最終報告書の①案は、慎重に取り扱わなければなりません。

皇統の男系継承のメカニズムを、動物行動学研究家の竹内久美子さんは、性染色体のうち男性にのみ受け継がれるY染色体を使って説明しています。

女性に受け継がれるX染色体が世代を重ねるごとにどんどん薄まっていくのとは対照的に、Y染色体はほとんど薄まらずに継承されていく。つまり、今上（きんじょう）陛下をはじめとする男系皇族は、現在も神武天皇のY染色体とほぼ同じもの（「ほぼ」というのは突然変異が起こる可能性を考慮）を受け継いでおり、これが日本の皇室の特徴で、世界からも「日本の皇室は特別だ」と畏敬の念を持たれる理由だというのです。当然ながら、先人たちがこうした生物学の知識を持っていたわけではないでしょう。しかしながら、直感的にY染色体を受け継いでいくことの大切さ、つまり誰でもなれる存在ではないことを見極めていたというのは、見事としか言いようがありません。

ちなみに、第43代元明天皇と第44代元正天皇は母子であるため、「歴史上にも元正天皇という女系天皇が存在していたではないか！」と思われがちなのですが、元正天皇の父親は草壁皇子、その父親は天武天皇です。つまり、父親の父親と辿っていくと初代神武天皇につながるので、元正天皇も男系の女性天皇です。このことからわかる通り、重視されるべきなのは「男系」か「男系でないか」です。

悠仁親王殿下と同世代の男性皇族が他にいないからと曖昧な認識のままに女系天皇を良しとすることは、これまで連綿と受け継がれてきた万世一系の歴史の断絶を招く重大事です。「難しい」「私には関係ない」と思わず、若い世代の人にも、ぜひしっかり考えてほしいと思います。

ちなみに、イギリスをはじめ海外では女系を認めている王朝がいくつもあります。その場合、他国に嫁いだ王族の女性にも王位継承権があるため、王位継承権を持つ者が際限なく広がってしまうのです。実際、イギリス国王には過去にもフランス人やドイツ人が就いていますし、２０２２年、エリザベス女王のご逝去に伴ってチャールズ国王が即位したことによっても、ウィンザー朝からマウントバッテン＝ウィンザー朝に王朝が変わりました。

これを含めて、これまで11回もの王朝交代がありましたし、現在のイギリス王位継承権を持つ者は、外国王室の人を含め、なんと約４７００人もいるとされています。

困ったときには「歴史に学べ」

学校教育では習わないことばかりで驚いた人も多いのではないかと思います。正しい知識が普及しないのも無理もありません。そうやってゆるやかに国体を破壊し日本を弱体化させることが、戦後ＧＨＱによって進められたＷＧＩＰ、つまり戦争についての罪悪感を日本人の心に植えつけるための宣伝計画の目的でした。皇統を先細りさせて将来的に断絶させようとするＧＨＱの意図が透けて見えます。こうしたことはすべてしたたかに水面下で行われたので、戦後教育を受けた国民は知らないのです。

大切なのは、知らない人に「知った人間」が噛み砕いてわかりやすく伝えることだと私は思います。同様の危機意識を持つ仲間を増やしていけば、ＧＨＱによる洗脳政策から覚醒した日本人を増やすことにつながります。「戦後レジームからの脱却」に欠くことのできない、重大な意味を持つ一歩でもあるのです。

歴史を振り返れば、皇位継承をめぐる危機は何度もありました。しかし、先人たちは何代も遡り、男系の血を受け継ぐ傍系から適任者を探し出して皇統を維持するという涙ぐましい努力をしてつないできました。

６世紀の第25代武烈天皇は皇子もご兄弟もなく崩御されました。第26代継体天皇は、２６０年前に分かれた家系で10親等も離れていましたが、大連として朝廷に仕え、国家の中枢にいた大伴金村が系図を応神天皇まで5世遡り、そこから5世の子孫を探し出し、越前までお迎えに行ったのです。

その後も、奈良時代の第48代称徳天皇は前述の通り女性天皇でしたが、太政大臣禅師として朝廷の権力を握った弓削道鏡が高位を狙うという事件（道鏡事件）が起きます。幸い、和気清麻呂によって道鏡の野望は阻止され、称徳天皇崩御の後、８親等、１５０年も家系が離れた第49代光仁天皇が即位されました。

また、室町時代中期の第１０１代称光天皇にも後継ぎがなく、加えて、朝廷が南北朝に分裂するという危機にありましたが、８親等、１３０年もの家系の隔たりがある第１０２代後花園天皇が伏見宮家から入られ危機を乗り越えました。

江戸時代中期の第１１８代後桃園天皇は、お子様が皇女しかおられないまま崩御されました。その際には、閑院宮家から7親等、130年離れていた光格天皇が第119代として即位されました。光格天皇は後桃園天皇の皇女を中宮（皇后の別称）とされています。

このように、困ったときには歴史に学べばよいのです。そして、現行法でそれが実現できないのであればそれを変えていけばいい。他国の圧力によって作られたものは日本人自身の手で本来の姿に戻すべきだと私は思います。

現在、政府と国会が進めようとしている皇室典範の改定に際し、女性宮家や女系天皇を容認するような加筆修正を阻止することと、旧11宮家の男系の子孫の然るべき方々の皇籍復帰を実現することが、あるべき姿でしょう。

子々孫々に至るまで国民が心から「天皇陛下万歳」と言える日本を受け継ぐことは、今を生きる者の責務だと私は思います。

今は小異を捨てて世論が大同団結するとき

無私の心で国民の幸せを願ってくださる天皇が、もっとも権威ある存在であるところに、日本の叡智があるのではないかと私は思っています。他国に類を見ない「万世一系」の皇統が連綿と維持されてきたのは、まさに日本民族の知恵でしょう。それが絶たれるということは、即ち「日本が日本でなくなる」ということです。

国会議員には、青山繁晴参議院議員を代表として「ただ一系の天皇陛下のご存在を護るために皇位継承を正しく安定させる」ことを活動目標の第一に掲げる「日本の尊厳と国益を護る会」が存在します。しかしながら、政府が一貫して「国民世論の動向を注視し」と言っているにもかかわらず、肝心の世論が未だ盛り上がっているとはいえません。

そこで、「国民世論」を動かすべく、令和元（２０１９）年10月22日、今上陛下の即位礼の日に、「皇統（父系男系）を守る国民連合の会」（以下、守る会と略）が設立され、私が会長に就任しました。

守る会の具体的な活動目標は、これまで記してきたように、現在政府と国会が進めようとしている皇室典範の改定に際し、女性宮家や女性・女系天皇を容認するような加筆修正を許さないこと。加えて、男系の血を安定して継承するため、ＧＨＱの圧力によって臣籍降下された旧11宮家の子孫等から然るべき方々の皇籍復帰を実現することです。

呼びかけ人は私を含め６名の女性たち（赤尾由美、我那覇真子、佐波優子、saya、竹内久美子）です。

女性ばかりを呼びかけ人にしたのには意味があります。いわゆる「保守」と呼ばれる憂国の士たちが思いの熱さのあまり仲間割れし敵対してしまう場面をこれまで度々目にしてきました。そのため、皇統を守るために小異を捨てて大同団結するには女性が中心になったほうがよいと考えたのです。

国連「女子差別撤廃委員会」からの質問への違和感

実動を始めたのは、令和2（2020）年の2月に衆議院議員会館で記者会見を行って以降でしたが、それからほどない3月9日付で国連「女子差別撤廃委員会」から日本政府への質問事項リストが発せられました。そこに「皇室典範について、現在は皇位継承から女性を除外するという決まりがあるが、女性の皇位継承が可能になることを想定した措置についての詳細を説明せよ」とありました。つまり、国連が「皇室典範の皇位継承が男系男子に限られているのは女性差別である」と言ってきたのと同じです。

正しい歴史を次世代につなぐネットワーク「なでしこアクション」代表で国際歴史論戦研究所所長の山本優美子さんからこの情報を得て、私達の会も国連に意見書を提出することにしました。

山本さんによると、そもそもこのような質問が出た背景には、日本のNGOが「皇室典範が女性の皇位継承を排除していることは、女性差別撤廃条約1条（女性差別の定義）、2条（締約国の差別撤廃義務）、15条（法の下の平等）に違反する。このような法の規定は性差別主義に根差すものであり、日本社会における女性に対する差別を助長するものである」と意見書を送ったことがあると思われました。日本政府は、この質問に対して回答せねばなりません。その回答に対して委員会から勧告が出されて問題化されると、他の委員会でも取り上げられて質問が繰り返され、いつしか「日本の皇室典範は女性差別」という認識が国連のお墨付きで広がっていく可能性が高いとも聞きました。

これを阻止するために、同年5月、「皇統（父系男系）を守る国民連合の会」として以下のような概要の意見書を国連「女子差別撤廃委員会」に提出しました。


日本の皇室典範「皇位の男系男子継承」は古代伝承に基づく信仰であり、女性差別として扱うことは「宗教の自由」への侵犯である。

カトリック教会の法王・枢機卿・神父などの聖職者、イスラムの聖職者はみな男性。

なぜローマ法王庁やイスラム教国には「女性差別」と言わないのか。

補足すれば、日本の国技の相撲は男性のみ、宝塚は女性のみだが、これを日本人は差別とは思わない。

日本における皇統の男系一貫は、民族固有の価値観から生まれた文化として尊重されるよう、切に願う。

「男女平等は重要」という、いわゆるポリティカル・コレクトネス受けする浅薄な価値観だけを重視して、日本文化の核心である皇統が絶たれるようなことがあっては断じてなりません。

そもそも天皇は一般国民と平等ではありません。皇族以外の全員が男女の別なく天皇にはなれません。天皇とは、歴史と伝統に基づき、男系の血統を受け継いだ資格のある方だけが継承できる異次元の存在なのです。

神話からつながる歴史・文化を連綿と継承するために

議員会館での記者会見後に、私たち呼びかけ人のことを「名誉男性」だと批判してきた女性たちがいました。

「女性こそ女性差別をなくすために女系を認めなくてはいけないのに、男の肩を持って、そんなに媚(こ)びたいのか」「女の敵は女」と言われたのです。

こうした思いを抱く方には、長く続いてきたものへの畏(おそ)れについて考えてもらいたいと思います。

例えば、数千年を生きてきた屋久杉やご神木を「枝葉が落ちてきて掃除が大変だから」とか「邪魔だから」という理由で伐ろうとしたら、「もっと大切なことがある」「もう少し慎重に考えてみよう」という意見が出てくるでしょう。

話は少し変わりますが、序章でも述べたように、私は学生時代から武道を嗜(たしな)んでいます。明治神宮武道場至誠館の一員として国際武道講習会で海外に出る際には、いつも体育館を清掃し、白布を敷いて神棚をしつらえ、その土地の常緑樹を榊（さかき）の代わりに神籬（ひもろぎ）（神様をお迎えするための依り代（よりしろ））にして神道の祭祀を行ってから稽古を始めます。

キリスト教をはじめとする様々な宗教を信仰する人々も、私達が「この神道セレモニーはみなさんが信じる神様を否定するものではなく、この土地の神様、みなさんが信じる神様も含めて八百万の神々に講習が開催できたことを感謝するとともに、安全に実りある稽古ができることを祈るものです」と説明すると、一緒に頭を垂れてくれます。

また、日本の天皇について知った海外の方から「キリスト教が入ってきて、それ以前に我々の祖先が信じていた宗教が駆逐され、私達は自分達

国際武道講習会で体育館にしつらえた神棚

の起源と隔絶されてしまった。日本には天皇がいてうらやましい。私たちはどうやって先人達とつながってよいかわからないのです」と思いを吐露されたこともありました。

客観的に見れば、日本の皇室の126代、2680年という古さは、世界でも群を抜いています。起源が神話にまで遡り一度の王朝交替や断絶もなく万世一系で受け継がれてきた日本の皇室は、世界史的に見ても、まさに奇跡のような存在なのです。

君主国の中で二番目に古いデンマークでも54代、約1080年と半分以下です。先般のエリザベス女王の国葬と、今般のチャールズ国王戴冠式で、その威風堂々とした様子に歴史と伝統を改めて感じさせた英国王室でさえ、40代、950年と千年に満たないのです。しかも、前述のように両国とも女系が容認されているため王朝は一系ではありません。

長く続いてきた文化・伝統には民族の叡智や様々な思いが込められていますし、価値あるものだからこそ世代を超えて大切に受け継がれてきたはずです。それを一時代の価値観だけでバサッと絶ってしまったら、取り返しのつかないことになります。

「日本を守る」とは、極端を言えば、こうした歴史、文化、伝統を守っていくこと。仮にこの先、私達と同じような姿、形をした人々が存在し続けたとしても、そこで使われている言語が英語や中国語で、父親を辿っても神武天皇につながらない人が国の中心にいたとしたら、そこは「日本」と呼べるのでしょうか。

否、そこはもう日本ではありません。

そうなってしまっては、先人たちや、子孫たちに対しても合わせる顔がありません。そんな畏れを知らないことをやってはいけないと私は思うのです。

日本人は、神話からつながる歴史・文化を連綿と紡いできた、世界に類を見ない幸せな国民です。その壮大な流れの最先端に、今みなさんが連なっていることを、ぜひ感じてもらえたらと思います。

豆知識コラム④

いざというときに役立つサバイバル術

平成23（2011）年3月11日に起きた東日本大震災は国内観測史上最大のマグニチュード9.0の巨大地震でした。死者と行方不明者に、避難生活などで亡くなった「震災関連死」の方も含めると2万2215人に上ります。

東京でも停電、鉄道の運行停止、道路の通行止め、物資不足などの影響がありました。

会社や学校から何時間もかけて歩いて自宅へ帰った人、コンビニから食べ物や生活必需品が消えて困った経験をした人もいるのではないでしょうか。

こうした地震などの災害はいつ、どこで起きるかわかりません。自宅周辺のハザードマップを確認しておく、学校まで電車通学の人は学校から自宅まで歩くルートを確認しておく。そして野宿生活をしなければならなくなったときの備えとして、ナイフの使い方、ロープの結び方、火の起こし方、太陽や星を見て方角を知る方法を知っておくと安心です。

また、自宅に防災グッズを詰めた袋や食料・水を常備しておくことも大事です。スマホが使えなくても家族に連絡できるように電話番号をメモしておくか、できれば暗記しておくといいですね。

こうした備えは、万が一日本にミサイルが飛んできたときなど災害以外の非常事態にも役立ちます。

第五章

中高生が今すぐできる日本を守る方法

これまでの章で、私が関わって実際に体験・体感したことをご紹介しながら、現代の日本が抱えている問題について見てきました。

本章では、こうした問題の存在を知ったみなさんに、「じゃあ、自分には何ができるだろう」ということを考えて頂くためのヒントをお伝えしていこうと思います。

1. 拉致被害者救出への意思表示：ブルーリボンバッジを付ける

ある女子高生の行動

両親とともに映画『めぐみへの誓い』の上映と、監督や出演者のトークショーがセットになったイベントに参加してくれた、ある女子高生が、後日連絡をくれました。

「正直、だいぶ衝撃が強かったです。知らなかった情報を知ることができて、とても良い機会でした。一日本人として腹が立ちました」との感想。それに加えて、「母が学校関係者に声をかけて上映会ができないか動いてみると言ったことに触発され、私も何かできないかと考えました。所属する次世代育成団体の代表に掛け合い、理事会で拉致について話をさせてもらったところ、私がグループリーダーとして活動できることになったので、『めぐみへの誓い』の上映会や内閣府への手紙を送るなどの活動ができたらと思っています」と言ってきたのです。

そして、半年ほど経ったころ、「上映会とパネルディスカッションを開催できることになりました。若者中心のイベントなので、これで少しでもいろいろな人に思いが伝播（でんぱ）すると良いなと思います」と連絡がきました。イベントのチラシとともに。

正直、彼女の行動力には驚き、高校生でもここまでできるんだなと敬意を抱きました。

拉致問題に取り組んだ「はじめの一歩」

思えば、私が拉致問題に取り組み始めた最初の一歩は、ポーランドの大学生達に刺激を受けたことでした。

平成16（2004）年の晩秋、明治神宮武道場至誠館のご縁で私はポーランドの首都ワルシャワにあるワルシャワ演劇大学の学生達に武道を教えるため、10日間ほどポーランドに滞在しました。当時、駐日ポーランド公使だったヤドヴィガ・ロドヴィッチさんが、演劇を学ぶポーランドの学生達に日本の能と武道を伝えるという企画を立て、武道の講師として私が派遣されたのです。

もともと館長にお声がかかったのですが、館長が多忙であったことと、私がそもそも役者だったことから、演劇つながりで「行ってこいや」ということになりました。

当時私は30代前半。アシスタントとして現役の大学生ひとりを伴ってポーランドを訪れました。食事も美味しく、みなさん親切で居心地は良かったのですが、唯一、文化の違いに戸惑いました。

道場では先生の話を聴くときには正座をしています。日本人にとってはそれが当たり前でも、彼らにそのような習慣はありません。それまで私が武道を通じて出会ってきた外国人というのは、経験に長短の差こそあれ、道場での作法はそれなりに身に付けている人たちばかりでした。でも、そのとき私が相手にしたのはまったく武道経験のない学生ばかり。悪気はないとわかっていますが、正座はおろか、日本人からしたら「だらだらしている」

ように見える格好で話を聴かれるのには閉口しました。

なので、技以前に日本の文化を伝えなければと思い、まず正座をするところから教え、受け身や剣術の素振り、そして合気道と鹿島の太刀の基本を伝えました。中には、当初はやや反抗的な態度をとる学生もいましたが、そんな学生とも真剣に向き合ううちに日を追って態度が変わり、技もめきめき上達し、ついには目を輝かせて稽古に臨むようになったのです。

稽古をしたのはわずか1週間でしたが、私にとってはとても愛着のある存在となった学生達と明日はお別れという晩に、彼らが「さよならパーティー」を開いてくれました。

その席には、元駐日ポーランド大使だったリップシッツさんという方が参加してくれました。彼と話していて、はっとしたことがあります。

「ほら、学生たちを見てごらん。みんな、オレンジ色のものを身に付けているでしょう」

不覚にもそれまで私は気が付いていなかったのですが、言われてみると、ほとんどの学生がオレンジ色のTシャツ、マフラー、リボンなどを身に付けているではありませんか。

当時、ポーランドのお隣、ウクライナでは「オレンジ革命」と呼ばれる政治運動が進行中でした。2004年のウクライナ大統領選挙で親露派の与党代表ヤヌコーヴィチの当選が発表されると、ヨーロッパへの帰属を唱えていた野党ユシチェンコ候補支持層が不正選挙を主張し、不正の解明と再選挙を求めて大規模な抗議運動が巻き起こったのです。ユシチェンコ候補が毒を盛られて顔が変わってしまったこともあり、抗議運動は大きなうねりとなって広がっていきました。そのとき、野党支持者がシンボルカラーとしていたのがオレンジでした。

ポーランドでも大規模なデモや集会が行われていることは、私もテレビで目にしていました。しかしながら、大統領選があったのはポーランドではありません。ウクライナです。自国のことではなく、隣国のことであっても、ここまではっきりと学生たちが政治的意思を持ち、それを明らかに目に見える形で表していることを知ったとき、衝撃を受けました。つい先ほどまで、「かわいい生徒たち」だった存在が、急に「政治的に明確な意思を持つ大人」に変貌して見えました。と同時に、はたと考えたのです。翻って、日本はどうか、と。

私の知る限り、ここまで真剣に隣国の大統領選に関心を持つ学生がいるようには思えませんでした。また、自分の学生時代を振り返っても、私自身は政治にほとんど関心がありませんでしたし、少なくとも私の手の届く範囲には、そこまではっきりと政治的な意思を持っていた友人たちはいなかったように思います（もしかしたら、私が気付かなかっただけなのかもしれませんが……）。

なんだか急に自分達の国の青二才っぷりが浮き彫りになった気がして、焦燥感を覚えました。そんな中、ふと思い出したのです。そうだ、私達の国にもブルーリボン運動というのがあったなと。まずは、そこからだと思いました。当時国会議員だった西村眞悟さんのホームページにブルーリボンバッジが紹介されていたのを思い出し、帰国してそのバッジを購入したのが、最初の一歩になったのです。

ブルーリボンバッジの意味と意義

ところで、みなさんは、ブルーリボンの意味を知っていますか？

拉致被害者の生存と救出を信じる意思表示で、ブルーは拉致被害者がいる北朝鮮と祖国日本を隔てる「日本海の青」と、被害者と家族を唯一結んでいる「青い空」をイメージしています。

今では、内閣総理大臣をはじめとする閣僚や、多くの政治家たちも胸にブルーリボンバッジを付けるようになってきました。しかしながら、政治家は被害者の救出に向けて具体的に政治を動かしていく立場にありながら、実際にはほとんど何もしていないように思えます。そんな現実が見えて来たとき、ブルーリボンバッジをあたかも何かやっているかのように見せるための「免罪符」にしているように感じられ、いっときバッジを付けることに抵抗感を覚えた時期もありました。

が、今ではそれでも付ける人が増えてほしいと思っています。予備役ブルーリボンの会でともに活動している元陸上自衛官のひとりが、あるとき現職の自衛官と話していたら、「そのブルーリボンは何ですか？」と聞かれたそうです。現職自衛官であっても、ブルーリボンバッジが何を意味しているか知らない人がいたのはちょっとショックでしたが、残念ながらそれが現実です。そこでその元自衛官は、すかさず拉致問題について伝え、そのバッジをプレゼントしたとのことでした。

そうやって、知らない人が知る縁（よすが）にもなりますし、何よりバッジを付けている日本人が増えれば、それだけ日本人が拉致問題を重視していることを北朝鮮に見せつけられます。元警察官で絵本作家でもある坂東忠信さんが予備役ブルーリボン会のＹｏｕＴｕｂｅ番組『レブラ君とあやしい仲間たち』に出演してくださった際、「拉致という犯罪を許してしまったのは警察の失敗。それを後輩たちが忘れないように、長官の『鶴の一声』で日本中の全警察官がブルーリボンバッジを着用すれば、北朝鮮へのかなりの圧力になるはず」と話してくれましたが、その通りだと思います。

今では、ブルーリボンバッジにもいろいろなバリエーションができました。私が関わっている「しおかぜ」とのコラボデザインもありますし、女性が付けやすいリボン型や、襟をクリップで挟むようにとめて洋服を傷めないタイプも数種類あります。さらには、救う会埼玉の金子渉(わたる)さんという方が、缶バッジでいろいろな絵柄のものを考案し普及させてくれています。缶バッジだと直径約5センチメートルと大きいですし、白地に爽やかなブルーでリボンをあしらった絵や「Save The Abductees（「拉致被害者を救おう」という意）」等の英文字が書かれています。爽やかな印象、かつ目立つので、仮にブルーリボンの意味を知らない人が見たとしても「Abductees」って何だろう?と調べるきっかけにもなるかもしれません。

それを友人たちに配ったところ、ある女性は、いつも持ち歩いているカバンの目立つ場所に付けてくれました。電車に乗るときも、わざとそのバッジが人目に付きやすいように意識してカバンを持っているそうです。彼女は、「文字も書かれているので、拉致被害者救出を意味していることが伝えやすい」と話してくれました。こんな風にささやかであっても、常に意識して人に伝えようとしてくれる国民が増えることは、大変意味のあることだと私は思っています。

ブルーリボンの缶バッジ

2．農業・水産業の仕事に関心を持つ

コロナとロシア・ウクライナ戦争があぶり出した日本の食料自給率の低さ

ここ数年のコロナ禍は、国が必要な物資を自給自足することの大切さをあぶり出しました。入国管理をしっかり行わなければ、ウイルスも入り込んできます。人や物の往来が止まったら止まったで、インバウンドや外国人労働力頼みだった産業が立ち行かなくなり、輸入頼みだった部品の不足が長期化して物が作れなくなりました。身近な例としては、マスクが品切れになり、街頭で1箱3000〜5000円という高値で売られている場面を見た人も多いと思います。

その後のロシア・ウクライナ戦争でも、穀倉地帯から小麦の輸出が滞り、世界的なダメー

ジに追い打ちをかけました。小麦価格のみならず肥料や飼料も高騰し、食品企業や農家が大きな打撃を受けています。自国の食料確保のため各国は相次いで主要食物の輸出を規制しましたから、食料自給率38パーセントの日本はたまったものではありません。この自給率でさえ先進国で最低の水準ですが、種や肥料のことまで考慮すると、さらに自給率は激減します。

なにせ、野菜の種は90パーセントを、化学肥料の原料となるリンやカリウムは100パーセント、尿素は96パーセントを輸入に依存しているのです。これらの輸入が絶たれたときの米や野菜の実質自給率はわずか数パーセントでしかないともいわれています。

国の玄関を無警戒に開き、他国に過度に依存する危険性を私達はもっと深刻に受け止める必要があるのではないでしょうか。たとえ輸出入が止まったとしても、決定的な打撃を受けない程度に自立した社会を営むことが大切です。

このような気付きを与えてくれたコロナ禍を、個人としても国としても、目先の利益や効率に惑わされず、地に足の着いた生活、社会を再構築する奇貨にしなければなりません。ポイントは、自給自足、そして自立です。

日ごろ私達の生活を足元で支えると共に、国土や海を守ってくれている農林水産業の大切さにももっと多くの国民が目を向けてほしいと思います。

田を蘇らせ、米作りで食料不足に供える

農業も水産業も日本人が生きていくうえで不可欠な「食」を支えています。それなのに、戦後の占領政策は、日本人が自給から遠ざかるように推し進められました。典型的なのが「パン食」の普及です。

戦後「米を食べると頭が悪くなる」とまで言われ、学校給食もすべてパン食になりました。私が小学生だった昭和55（1980）年ごろからようやく徐々に米飯給食が始まったのをよく覚えています。

そもそも、なぜそうなったのかと言えば、米

棚田

米粉パン（玄米食パン）、米粉カステラ

国が余剰生産物を日本に買わせると同時に米国への依存度を高めるためです。小麦や大豆、とうもろこしの関税を事実上撤廃し、貿易が自由化されました。

その結果、日本人の米離れが進み需要が減り、農家が稲作を休むと補助金がもらえる政策がとられ、日本全国に休耕田が増えていきました。人が手を入れることをやめた休耕田は、あっという間に草木が生い茂り荒れていきます。日本は秋になればたわわに実った稲穂が頭を垂れ、黄金色に輝く田んぼがあちこちで見られる「瑞穂（みずほ）の国」であったのに、そのような光景も失われていきました。田んぼは単にお米を作っているだけの土地ではありません。そこには蛙をはじめとする多様な生物たちが息づいていました。また、田んぼはその湛水機能によって大雨が降ったときには「自然のダム」となって、下流の集落を災害から守りました。

日本人が再び田んぼを蘇らせ、米作りを行えば、いざというときの食糧不足に備えることもできます。とはいえ、かつてのように日本人が主食として米ばかりを食べる生活に戻すことは難しいでしょう。パンやパスタをはじめ小麦粉を使った食事にも慣れてしまった日本人には、米粉がお勧めです。私は毎朝、玄米米粉パンを食べていますが、特有の香りと甘みがあり、とても美味しいです。和食が世界的にも注目されるようになった今、平時には、米を輸出し、有事にはその分を自給用に回せば、戦略的にも米を活用できるでしょう。

「魚の伝道師」ウエカツさんが教えてくれた「海の恵み」

「瑞穂の国」であるのと同時に、日本は四周を海に囲まれた「島国」です。海には豊富な魚介類がいます。にもかかわらず、家庭の中で魚離れがどんどん進んできています。なぜでしょう?

そもそもの背景は、やはり米国の占領政策です。大豆やとうもろこしを牛豚鶏などの餌として日本に大量に売りつけるため、日本人を肉食化させたのです。そうやって日本人の嗜好が変化させられたことに加え、魚は肉に比べて値段が高い、調理に手間がかかる、料理のバリエーションが少ない、生ゴミが出る、調理した後の手や台所の臭いが気になる……等々いろいろあるでしょう。しかも、スーパーで売られている魚の多くは、外国産です。これは一体どういうことでしょうか?

漁師をやめて水産庁に入り、水産庁も早期退職して現在ウエカツ水産の代表をしている上田勝彦さんという人がいます。「ウエカツさん」こと上田さんは、「家庭内魚食の復興」を唱えて、熱く活動しています。これだけ豊かな海に囲まれているのに、「足元にあるたくさんの恵みをほったらかしにして、より安くて好みに合った食べ物を金で買って輸入している日本は、ホントにだらしない国になっちまいましたね」と現状を憂い、魚が再び食卓に並ぶよう、「魚の伝道師」として講演やメディア出演などで魚食の重要性を訴え、実際に魚料理の指導もしています。

と言っても、ウエカツさんは何を何グラムというレシピは教えません。魚を「焼く」「煮る」「炒める」とはどういうことなのか、「生臭い」のはなぜなのか、といった基本を伝えてくれるので応用が利きます。

ウエカツさんに出会って以降、家での魚料理の頻度が上がると共にバリエーションが増えて、魚料理がとても楽しくなりました。楽しくなるとまた魚料理をしようとプラスのスパイラルにつながっていきます。

以前、道場の子供達とその親に講話をしてもらったことがあります。食い入るようにウエカツさんの話を聞いた子供たちは、帰り際には「魚・米・野菜ときどき肉」と唱えていました。ウエカツさんは肉を否定しません。「たまの肉」としてやはり体が求めることを肯定し、毎日ではなく、たまにだと肉も輝きを増すことも教えてくれました。

縄文時代から続く日本の捕鯨（ほげい）

「海で獲れる肉」である鯨（くじら）についても、ぜひお伝えしたいと思います。

もしかしたら、これを読んでいるみなさんの中には、「鯨を食べる」ことに抵抗がある人もいるかもしれません。一定以上の年代の人であれば、学校給食で鯨の竜田揚げや大和（やまと）煮などを食べていた経験があると思いますが、概して、日本人にとっての鯨食はあまり馴染みのないものになってしまいました。

これは、元はといえば、昭和57（1982）年、ＩＷＣ（国際捕鯨委員会）がモラトリアム（一時停止）を採択したことによって南氷洋での商業捕鯨ができなくなり、以後、調査捕鯨を細々と行うのみになったことに起因しています。戦後の食糧難の時代には日本人のタンパク源の60パーセントを占めていたこともある鯨が、おいそれとは手の届かない高級品になってしまったのです。

「鯨」という漢字は、魚偏に「京」と書きますね。京は兆の万倍の単位ですから、つまり「とても大きい」という意味です。日本には伝統的に、「鯨一頭捕れれば七浦潤う」という言葉があります。日本人は縄文時代から貴重な動物性タンパク源として赤身はもちろ

和歌山県太地町の道の駅で販売されていた鯨肉

ん、皮、舌、内臓、尾肉など全身のほとんどを食してきました。免疫力を高めるビタミンAや血液をつくる鉄分を多く含み、高タンパク、低カロリー、認知症予防にも効果があるとされるバレニンが豊富と、鯨肉は優れた食材です。

加えて水温の低い海域でも活動する鯨の脂は、寒くても固まりません。冷えると固まる牛や豚の脂と違い、菜種油や大豆油といった植物由来と同じ不飽和脂肪酸なので、美味しいうえに健康にもよく、日本の食文化を象徴する食材のひとつと言えるかもしれません。ちなみに、私の大好物も、この「脂」です！

骨や歯、ヒゲ板、皮などは、靴ベラ、文楽人形のバネ、パイプ、印鑑、ラケットのガット、クリーム、口紅、クレヨンなど様々な用途に

太地町のくじら供養碑

活用されてきました。

そして、そんな鯨達に日本人は感謝の気持ちを忘れませんでした。その証拠に、日本各地には鯨塚や供養碑、鯨の墓が残されています。


ところが、そんな日本人と鯨との関係が、いつしか歪められるようになってしまいました。今では、「ホエール・ウォッチング」の対象である鯨を食べるなんて残虐非道で野蛮、という印象を抱く日本人が少なからず存在していますよね。

そもそも「鯨を食べるなんて残酷」という価値観は、欧米から流入してきました。でも、思い出してみてください。1853年、ペリーが浦賀(うらが)に来航した理由は、「捕鯨船の寄港地を求めて」でしたよね。日本の江戸時代、すでに米・英・仏などの国は、盛んに捕鯨(ほげい)を行っていました。彼らは、灯油や機械油、マーガリンなどとして利用する「脂」がとれる皮以外は海に捨てていたのです。鯨のことを「海に浮かぶ油の樽(たる)」と呼んでいたことからも、日本人とはだいぶ違う鯨との付き合い方をしていたことがわかります。

1900年ごろから世界的に捕鯨産業が大きく発展した一方で、乱獲によって一部の鯨は激減しました。第二次世界大戦後の1946年、国際捕鯨取締条約が結ばれ、捕っていい大型鯨の頭数や種類が決められるようになりました。その後、頭数が減少したシロナガスクジラなどが保護されるようになり、産業として成り立たなくなったイギリスやオランダなどは捕鯨を中止したのです。

そして、１９８２年、反捕鯨国が多数を占めるようになったＩＷＣが商業捕鯨モラトリアムを採択し、捕っても問題ないと科学者が認めているクジラまで捕ることができなくなってしまいました。ＩＷＣ加盟国で捕鯨再開を強く主張してきた国は、伝統的な捕鯨国である日本、ノルウェー、アイスランドで、強硬に反対している国は、アメリカ、オーストラリア、ニュージーランド、オランダなどの畜産国です。そこに、自国の畜産品を売るために鯨食を衰退させようとする意図を感じないでしょうか。モラトリアムに対し、日本は異議申し立てを行いましたが、その後アメリカの圧力でこれを撤回。そして、モラトリアムが発効した１９８７年から日本は南氷洋での商業捕鯨を中止し、調査捕鯨を開始しました。

しかし、この調査捕鯨に対しても、反捕鯨団体シーシェパードが海賊まがいの妨害行為をたびたび行ってきました。さらに、２０１０年、国際的な反捕鯨団体の主張を一方的に取り上げた映画『ザ・コーヴ』が、あろうことかアカデミー賞長編ドキュメンタリー映画賞を受賞したのです。和歌山県太地（たいじ）町で伝統的に行われてきたイルカ漁（イルカはハクジラのうちの4メートル前後より小さいもの）を追いかけ、多分に脚色したプロパガンダ映像なのですが、「日本の捕鯨は残虐非道」という印象を国際的に植え付けることに成功し、鯨食離れに拍車をかけました。４年後の２０１４年春、「日本の調査捕鯨は商業捕鯨の隠れ蓑である」というオーストラリアの訴えに対し、国際司法裁判所（ＩＣＪ）が日本政府に捕鯨プログラム見直しを求めました。事実上、日本の「敗訴」です。

『ビハインド・ザ・コーヴ』が暴いた捕鯨問題の舞台裏

これに強い危機感を抱いた八木景子監督によって、２０１５年、映画『ビハインド・ザ・コーヴ～捕鯨問題の謎に迫る～』が発表されました。同作で八木監督は、捕鯨支持派のみならず反捕鯨団体幹部にもひるまずインタビューを敢行。この問題の裏にある闇を見事に浮かび上がらせました。

私にとって特に衝撃的だったのは、アメリカが日本の捕鯨をやり玉にあげ始めたきっかけが、ベトナム戦争中の１９７２年、ストックホルムでの国連人間環境会議であったこと。そのまま環境会議に突入すれば、ベトナムに枯葉剤を撒（ま）きまくっている自国が糾弾（きゅうだん）されることが明らかだったアメリカは、世界の目を背けさせるために、日本の捕鯨を急遽議題に追加し、スケープゴートにしたのです。ご丁寧に、アメリカは同年、海洋哺乳類保護法を施行しています。その裏で、ミサイルや衛星の潤滑油として使用するマッコウクジラの頭油を日本から輸入していたというから、ご都合主義に開いた口が塞がりません。

IWC（国際捕鯨委員会）は脱退したけれど……

令和元（2019）年6月30日、日本はIWCを脱退しました。そもそもIWCは、「鯨類資源の保存」と「捕鯨産業の秩序ある発展」の両立を目的として1948年に設立されたのですが、次第に反捕鯨の声が高まり、1982年に商業捕鯨モラトリアムを決定したのは前述の通りです。持続可能な捕鯨を行ってきた日本の文化を、反捕鯨国に札束で抱き込まれた国々が多数を占めて否定するような組織に、こだわり続ける必要はありません。脱退の知らせに私は快哉を叫び、31年ぶりとなる商業捕鯨再開に、「また安くて美味しい鯨肉が食べられるようになる！」と期待が高まりました。

ところが、その後も、市場に出回る鯨肉はいっこうに増える様子がありません。「変だなぁ……」と思っていたところに、衝撃のニュースが飛び込んできました。

日本政府は、ＩＷＣ脱退に伴う海外からの厳しい視線に配慮し、捕獲枠を自ら制限。結果、捕獲可能頭数の年間上限が調査捕鯨時の３分の２に減ったというのです。これでは一体なんのためにＩＷＣを脱退なのか、まったく意味がわかりません。

それまでの調査結果から、例えばクロミンククジラは南氷洋に51万頭もいると推定され、むしろ鯨の増えすぎで、その餌となるオキアミや魚が減るなどの影響が出ています。鯨類研究所によれば、全世界の鯨類が食す海洋資源の量は、人間による漁獲量の３～５倍。鯨を過度に保護すれば、魚の量が減り、海の生態系のバランスが崩れていくのは明らかです。

このまま策を講じなければ、縄文時代から続いてきた日本の鯨食文化が、衰退・絶滅してしまうでしょう。「もはや鯨肉を日本人が欲していない」という声も聞かれますが、目の前にないものは手に取りようもないですし、目にしたところであまりに高価であればおいそれと手は出ませんよね。かつてのように給食で鯨肉を出す地域や頻度を増やすなどして、身近な食材としての認識を広めることも一案ですが、みなさんもぜひ「食材としての鯨」に目を向け、実際に食べてみてください。

海の生態系と日本文化を守るためにも、国には捕鯨枠の再考を強く求めたいと思います。

もうひとつ忘れてならないのは、漁師たちは日本の海を守っているということです。尖閣の章でお伝えしたように、日本の漁師が漁業を行っていることで日本の海だということが主張できますし、加えて、日本の漁師たちは子や孫やその先の子々孫々のことまで考えて漁をしています。今だけ、自分たちだけ魚が獲れて儲(もう)かればよいという発想ではなく、未来の子供もちゃんと海の恵みを頂けるよう自主的に規制を設け、配慮しながら獲っている、そんな漁業の在り方は、まさにサステイナブル（持続可能）です。

こうやって、私たちの命のみならず国土や海を守ってくれている農林水産業に携わる人たちへの感謝の気持ちを常に忘れずに、国産の食品を食べ、国産材を積極的に使おうという意識を持ち続けたいものです。私からすると、そうした産業に従事する人たちはまさに体を張って日本人と日本という国を支えてくれていて「かっこいい」です。

若いみなさんは、ぜひ職業選択のひとつとして、考えてみてください。

3. 林業・ハンターの仕事に関心を持つ

コラム連載から関わるようになった「森林の仕事」

序章でもお伝えしたように、私はそもそもライフワークとして自然環境問題に取り組んできました。「トトロの田んぼ」での米作りの様子などを「森のコラム」としてホームページで発信するようになり、しばらくすると、とあるラジオ局から「森を守ろうキャンペーン」のお仕事が舞い込みました。1分間ほどで森に関する様々な取り組みを紹介するというものです。その中のひとつに、「森林の仕事ガイダンス」がありました。

「森林の仕事ガイダンス」とは、後継者不足に悩む林業界が、林業未経験者を「緑の研修生」として迎え、様々な支援をする「緑の雇用」制度を紹介するガイダンスです。林業に従事する人の数は、昭和45（1970）年には約21万人いましたが、平成17（2005）年には約5万人にまで減少し、高齢化も進みました。

そんな中、国も平成15年に、林業経験のない若者たちを林業に取り込むべく、森林組合などの事業体が新しく林業を始めようとする人を雇って行う人材育成研修へのサポートを開始したのです。「ガイダンス」は、林業の世界に飛び込もうとする人たちの入り口になっていて、当時は失業対策ともあいまって、都心のデパートの屋上などで開催されるとたいへん多くの人で賑わっていました。

こうしたガイダンスの様子を取材すると共に、夏の真っ盛りに汗水垂らしながら刈り払い機で下草を刈る緑の研修生たちを山の現場でも取材しました。下草刈りは、杉や檜（ひのき）などの苗木の周りに生えて来た雑草などを刈る作業で、炎天下の斜面で行われることから、林業の様々な作業の中でも最もつらいという人が多いです。が、肉体的にはハードでも、作業が終わった斜面を見ると達成感も一入（ひとしお）だと、研修生たちは汗を滴（したた）らせながら語ってくれました。

この取材を皮切りに、その後私は、毎年開催される「森林（もり）の仕事ガイダンス」のステージでのトークショーの進行役を務めたり、「緑の雇用事業」の実施主体である「全国森林組合連合会」提供のラジオ番組「ちょっと森林のはなし」で森の案内人を務めたりするようになりました。

取材を通じて知った鹿の被害

ラジオの取材では毎月どこかの都道府県を訪ね、北は北海道から南は九州まで緑の研修生のみならず森に関わる人を取材していたのですが、次第に増えてきたのは鹿の被害に悩まされているという声です。

鹿は、せっかく植えた苗木を食べてしまうばかりか、成長した樹木の樹皮も剝いで食べてしまいます。旺盛な食欲で下草もどんどん食べるので、ひどい場所では森林の表土が流出し、実は近年多発する土砂災害の一因にもなっている

鹿の食害にあった木と下草がなくなった森

のです。

鹿が増えた理由は、①オオカミの絶滅やハンターの減少による天敵の減少、②人の手が入らない里山の増加によって奥山から鹿が出てきている、③温暖化に伴う降雪減による冬を越せる鹿の増加、などが考えられています。

環境省によると、全国の鹿のピーク時の頭数は約255万頭（2014年度）で、これは4半世紀前の約10倍です。私自身、鹿の苦手な植物だけが残った森林や、皮を剝（は）がされて無残に白い幹を曝（さら）す木々を全国各地で目にしてきました。手をこまねいていれば、生物多様性は失われ、禿山（はげやま）だらけになってしまうかもしれません。

ハンターになることを決意して

私は林野庁の林政審議会の委員を平成23（2011）年から8年間務めましたので、そこで様々な鹿対策案について意見を言ってきました。が、ある時期から「これは口だけで言っている場合ではない」と思い、ハンターになることを決意しました。

「鹿を殺すなんて、かわいそう」

そう思う人も多いでしょう。でも、林業家の悲鳴は大きくなるばかり。うかうかしていると被害はますます拡大し、山の生物多様性が失われ、山崩れなどの災害も増えてしまいます。

ハンターになるには、狩猟免許を取らなければなりません。狩猟免許は都道府県知事が交付し、取得するには学科と実技の試験に合格する必要があります。また、免許には、「網猟」「わな猟」「第一種銃猟」「第二種銃猟」の4種類があります。「第一種銃猟」とは、散弾銃やライフル銃といった火薬を使う銃の、「第二種銃猟」とは圧縮ガス銃や空気銃での猟を指します。私は鹿を獲るのが目的なので、「わな猟」と「第一種銃猟」の免許を取りました。

「わな猟」は猟場と罠があればすぐ始められますが、「銃猟」のほうはそうはいきません。「銃砲所持許可」という各都道府県の公安委員会、つまり警察からの所持許可が下りなければ、そもそも銃を持つことができないのです。この許可を得るには、いくつものハードルが待ち構えています。

住民票や身分証明書、経歴書、診断書などなど様々な書類を用意し、学科試験を受け、それが通れば警察がご近所や職場、友人などに人物について聞き込み調査をし、実技の講習と試験を受け、銃と弾をそれぞれ保管するロッカーを家のどこに備え付けるかを警察官が確認しに家に来て……と、警察との根競べのようないくつものステップを踏んで、ようやく銃を所持することができます。

そんなこんなで、私が初めて銃を持って狩りに出たのは、平成30（２０１８）年2月のことでした。

そして向かったのは、東京都の西の端、檜原（ひのはら）村です。檜原村は、島嶼（とうしょ）部（小笠原）を除く東京都で唯一の「村」です。

人生初猟の日に感じた狩猟文化継承の大事さ

「野生の鹿や猪が東京でも獲れる」と聞けば、意外に思う人も少なくないでしょう。私は日本文化チャンネル桜で配信していた『海幸山幸の詩』という番組の取材を通じて、犬を使った伝統的な巻狩（まきが）りを行う檜原大物クラブ（平野公一代表）に出会いました。村外の人や若者、女性にも開かれた大物クラブの雰囲気に惹かれ、私自身も仲間に入れてもらうことにしたのです。若い人たちと話してみて、「肉を自給したい」という動機で狩猟を始めた人が少なからずいたことに驚きました。

　人生初猟の日のことは、忘れられません。出猟にあたっては、まずは参加者十数名が一堂に会して持ち場を決め、それぞれ「タツマ」と呼ばれる配置につきます。初心者の私もいきなりひとりタツマに配され、緊張しつつも、照準の練習などをしながら獲物を待ちました。静寂に包まれた雪の杉木立に、時折リスだけが元気に動き回っています。

　と、視界の片隅に動くものが……雄鹿です！　てっきり獲物が出てくる前には勢子（せこ）が放った犬の鳴き声が近づいてくるとばかり思っていたので油断していました。銃を構え安全装置を外して…とモタモタやっているうちに、鹿は姿を消していました。幸い、別の人が撃っ

出猟中の私（東京都檜原村にて）

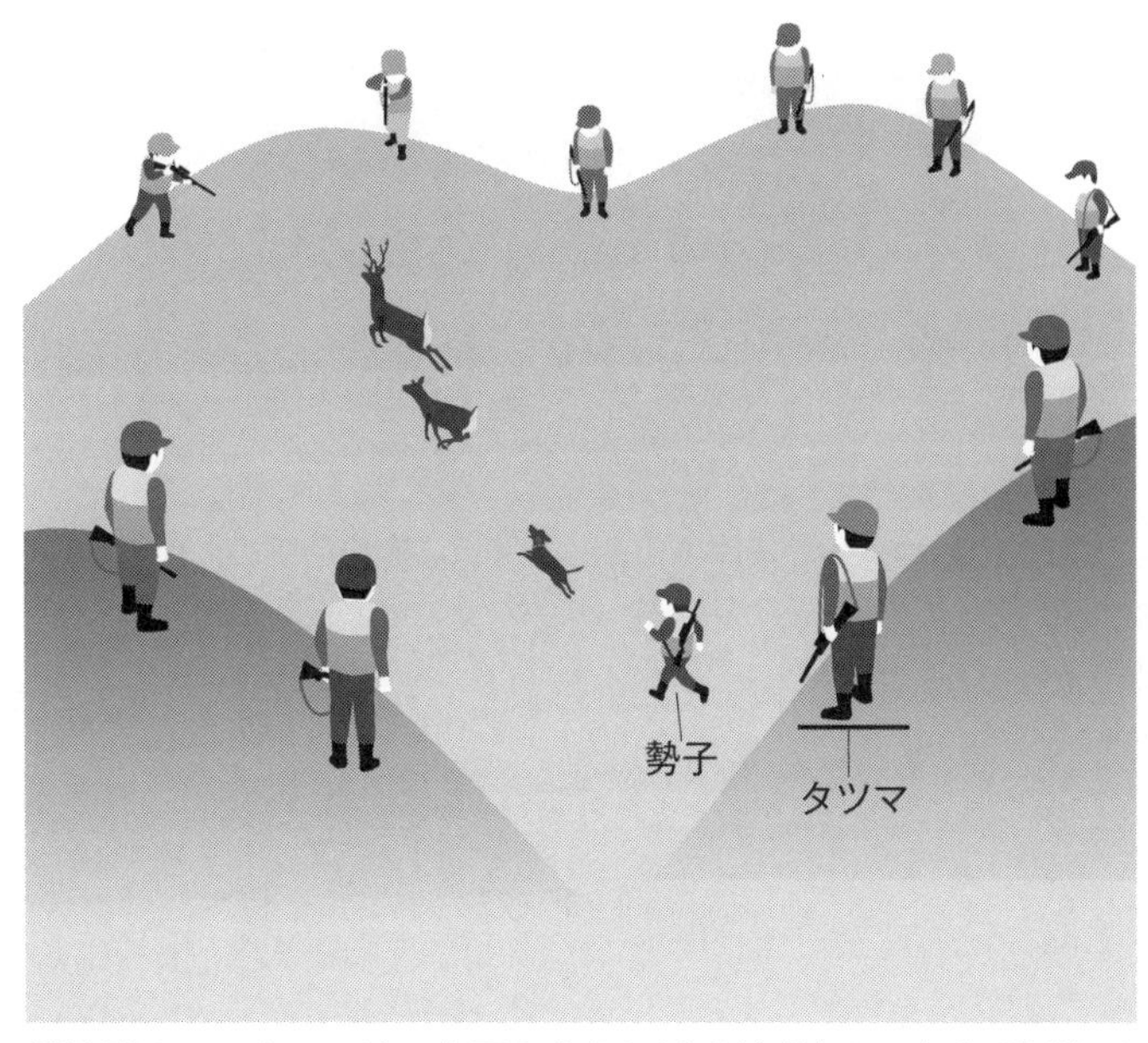

巻狩りは、一定のエリアを囲むように射手が「タツマ」と呼ばれる配置につき、勢子(せこ)が放った犬に追われて飛び出してきた鹿を撃つ。

山の神様への感謝の印として捧げる鹿の心臓の一部

てくれましたが、後から先輩方に「タツマに立ったら決して気を抜いてはいけない」とご指南を受けました。その猟期（11月15日から翌年の2月末日まで。都道府県により異なる。）には計3回出猟したのですが、私自身が獲物を見たのはこのときだけ。貴重なチャンスを逃したという自覚は回を重ねるごとに深まりました。

撃ち損じても、仲間が獲った肉を解体した分け前には預かることができます。解体は、みんなで力を合わせて行い、最後に会長がそれを分けるのですが、目分量ながらその分けっぷりがあまりに均等なことに驚きました。なんでもこれが「山分け」の語源なのだとか。手柄も失敗も肉も皆で分かち合う……それだけメンバーひとりひとりが等しく責任を負っていることの表れでもあると思います。

獲物の心臓の一部は山の神様へ感謝の印として、近くに生えている木の小枝に刺して捧げます。プレハブの「クラブハウス」には、きちんと神棚があり、宴会の料理も最初に神棚に捧げます。その日の猟を振り返りながら、鹿や猪料理の数々に舌鼓を打ち、最後には神棚に捧げてあるお神酒を全員で回し飲みするのがコロナ前までの風習でした。そんな村落共同体の原風景を見るような檜原大物クラブでの時間を重ねるにつれ、私もこうした文化をきちんと次の世代に継承していきたいと思う気持ちが強まりました。

以来、毎シーズン、檜原村に通い続けています。

肝心の鹿の数ですが、10年間で頭数を半減させる目標を立てるなどして、国も捕獲の強化に乗り出しました。少しずつその効果も表れてはいるのですが、ここでもうひとつ大きな課題があります。撃たれた鹿の多くが山に埋められる、もしくは焼却処分されていて、食肉として活用されているのはわずか1割に過ぎないのです。搬出する労力がない、流通させるには衛生環境の整った相応の加工・冷蔵施設が必要等々の理由がありますが、命を頂いた立場としては、いかがなものでしょう。

国民の側からも積極的に食肉として活用する気運を作っていきたいと願いはするものの、野生動物の肉なんて「美味しくなさそう……」と食わず嫌いの人も多いのではないでしょうか。あるいは、かつて「臭い肉」を食べたことがあり、もう食指が動かない……という人もいるかもしれません。

そのような人には、先入観を横に置き、まずは食べてもらいたいと思います。きちんと処理された新鮮な肉は、野生の肉であっても、とびっきり「美味しい」です。鹿であれば、特に背ロースやタンなどが絶品です。初めて食べた背ロースの鹿カツや、単に炒めて塩コショウをしただけのタンなどは、大げさではなく、ほっぺたが落ちそうなほど美味しかったです。美味しいばかりでなく、高タンパク・低カロリーでビタミンB_2・B_6・ナイアシン・カリウム・鉄・銅・亜鉛などの栄養成分も豊富ですし、ホルモン剤等人工的な薬物は、当然ながら一切使われていません。

鹿同様、農産物に被害をもたらす「やっかいもの」として、猪がいます。猪は鹿に比べて遥かに脂の層が厚く、それがまた旨味たっぷりで赤身の部分と合わせて調理するとコクが出てたまらなく美味な「山の幸」です。

かつて野生鳥獣の「臭い肉」を食べたことがあるとしたら、それは血液やドリップ（肉内部から出る液体）がきちんと抜けていなかった、もしくは古くなっていた肉だった可能性が高いです。昨今、そのような肉が出回ることはほとんどなくなり、逆にプロの手によるジビエを提供するレストランが増えてきています。まずは、ぜひ一度、食べてみてください！

余談ですが、実は私は、自分が狩猟を始めてからスーパーで売っているパック肉を一切買わなくなってしまいました。パックを開けたときに薬臭さを感じるようになったため食指が動かなくなってしまったのです。調理されたものであれば感じないので外では普通に肉料理も食べていますが、家では猟期以外は肉の調理をしていません。

林業家の生活と森林の生物多様性、ひいては国土を守るためにも、ハンターになる若い人が増えてくれることを願わずにいられません。そこまでは難しいとしても、ちょっと意識して鹿や猪の肉を食べてくれる人が増えるだけでも、森林を守ることにつながります。

林業界に吹いた新しい風

話を林業に戻しましょう。「緑の雇用事業」がスタートして今年で20年。この間、「緑の雇用」は初心者向けの教育のみならずキャリアアップを支援する制度に進化しました。現在の林業従事者数は約4万人と、ここ20年ほど減少傾向も緩やかになってきています。併せて、30～40代の若い人や新卒が増加し、林業界に新しい風が吹き込みました。

令和2（2020）年に始まった新型コロナ対策として、オフィスに出勤せず、家で仕事をする人が増えました。アメリカや中国で住宅ローンの金利が下げられ、在宅ワークを郊外で行うための住宅需要が高まり、世界的に木材価格が急騰。「ウッドショック」と呼ばれるこの現象によって日本でも輸入木材の調達が難しくなり、にわかに国産材価格が高騰しました。

しかしながら、それ以前の長期にわたる国産材価格の低迷から林業は人手不足に陥っていて、山には「伐り頃」の杉や檜が溢れているのに、それを伐採する人手が足りない……そんな背景から「緑の雇用」事業が始まったのは前述の通りです。

このほど、事業創設20周年を記念したシンポジウムが開催されました。この事業を利用して林業の世界に飛び込んで来た「緑の研修生」を私は長らく応援、取材してきたわけですが、安全意識も高まり、安全面でも機能面でも装備品が進化し、機械化が進んだ現場は、20年前とは隔世の感があります。教育体系も、ベテランの技を「見て盗んで覚えろ」だった時代から、「言葉でも技能を教えられる指導者を育成する」ことを重視する時代へと変化しました。

しかし、人材不足であることに変わりはありません。林業をはじめとする一次産業は日本人が生きていく原点を支える仕事。そしてまた治山や災害防止など国土を守る仕事でもあります。100年先を見据えて木を植え、育て、人間の命と国を守る誇りある職業として、さらに多くの若者が森林の仕事を職業選択のひとつに加えることを願っています。

4．自衛隊を頼る前に「自助」する力を養う

災害時に発揮される「生き物力」を身に付けよう

「自助・共助・公助」という言葉があります。災害が起きたときなどによく使われますが、昨今の日本人は「公助」への依存心が強すぎないでしょうか？

例えば、大きな台風が来るのに備えて避難所にいけば毛布や水や食料が用意されているのが当たり前、という感覚になってはいないでしょうか？

もちろん行政機関や自衛隊・警察・消防などによる「公助」は大切ですし、大規模災害時などは不可欠です。が、はじめからそれに頼るのではなく、まずは「自助」でできることがあるはずです。「自助」では手に負えないときに隣近所や友人知人との「共助」で、「共

助」でもどうにもならないときに「公助」に頼る、というステップがあって然るべきだと私は思います。

しかしながら、高度に近代化し、近隣との有機的なつながりが薄れた日本の社会、特に都会では、「自助」「共助」の力があまりにも弱いような気がしてなりません。

まず自分の身を自分で守れるように、物心両面の備えをしておく必要があります。「自助」に必須なアイテムとして、非常食や水、懐中電灯といった防災グッズの準備までは誰しも念頭にあるでしょう。でも、それ以前に、より根源的な、生物としてのたくましさを身につけておくことも重要だと私は思います。

ＩＴ化が進み便利で快適な生活は、ひとたび電気が止まれば失われます。そうした危うさ、もろさと表裏一体で日々の生活が成り立っていることを私たちはついつい忘れがちです。東日本大震災で被災した漁師の知人が「オール電化にしていたため、停電で何もできなくなった」と自省していました。インフラが途絶された環境で生き抜く力がなければ、公助の手が及ぶまで、ただ呆然と待つしかありません。

マッチと木で火を起こせるか、電気炊飯器なしでご飯が炊けるか、家屋がなくても眠れるか、トイレがなくても用を足せるか……そういったタフさを身につけることは、本来、学校で良い成績をとること以前に大切なのではないでしょうか。
そのような力を養うために、アウトドアなどで楽しみながら不便な生活を経験しておくのもよいでしょう。不便な環境はまた、互いに助け合うことの大切さを教えてくれます。あるいは、電気や水道などのインフラ途絶時を想定して家族でシミュレーションしておくのも有意義でしょう。いずれにせよ、ふだんから免疫を作っておくことで、非常時に活かされる強靱性（きょうじん）、今どきの言葉で言うレジリエンスを身につけることが大切です。私たちが見つめ直すべきことのひとつは、日頃から自分の「生き物力」を高めておくことだと思うのです。

自分にある程度の余裕がなければ、他人を助けることはできません。逆にいうと、他人の役に立ちたいのであれば、強くなくてはいけません。強いからこそ人に優しくなれるし、優しいからこそ強くなることを己に課すのだと思います。

厳しい環境は、人を強くします。今はあまり言われなくなりましたが、かつて「若い時の苦労は、買ってでもしろ」とよく言われました。今では何かというと「ハラスメント」が持ち出され、それはそれで良い面もあるのですが、一方で、若い人たちが精神的にも肉体的にも鍛えられることを阻害している面もあるように思います。天災も人災も職場などでの人間関係も、自分の都合に合わせてはくれません。が、いざというときに突然大きなショックを受けると、心も体も折れてしまいます。

例えば、東日本大震災の被災地で、いきなり悲惨な姿に変わり果てたご遺体と対面した自衛官たちの中には、ＰＴＳＤ（心的外傷後ストレス障害）になってしまった人も少なからずいました。そうならないためには、日ごろから病院などと連携してご遺体にある程度慣れておくことも必要だと私は思います。なにせ現代の日本では、報道などでも基本的にご遺体を映し出さないなど、人の死を遠ざけすぎているように感じます。そのため、多くの人はご遺体への免疫があまりないのです。「折れない心」を作るには、いきなり大きな負荷がかからないよう、段階を追って負荷を上げていくことが大切です。筋トレと同じように。

自衛隊は災害派遣隊ではない

特に東日本大震災以降、自衛隊の災害派遣での活躍ぶりが広く国民に知られるようになりました。気が付けば、「信頼できる組織」のナンバー1に自衛隊が輝いています（日経新聞2019年世論調査)。

「税金泥棒」呼ばわりされていた自衛隊が、ここに至るまで、いかに地道な努力を重ねて国民の信頼を勝ち得たかという歴史を考えると、自衛官ひとりひとりの献身的な努力に頭が下がる思いです。しかしながら、現在の災害派遣のあり方には、少し疑問があります。

もちろん、国家や国民の危機に際して、自衛隊が力を貸すこと自体を否定する気持ちはありません。ですが、地震、台風、豪雨、大雪、山林火災、豚熱、鳥インフルエンザなどの対応に加えて急患輸送など災害派遣は多岐にわたり、その数は年間で380件を超えています(2021年度)。つまり、毎日1回以上、自衛隊は災害派遣を行っているのです。

自衛隊の最も大切な任務は、言うまでもなく「国防」です。ロシア・ウクライナ戦争が始まって1年以上の月日が流れました。今では日々のニュースにこの話題が上ることも少なくなってきましたが、令和4(2022)年2月24日、ロシアがウクライナに侵攻を始めた時には、大きな衝撃を受けた人がほとんどだったでしょう。21世紀の現代であっても、ある日突然平和は破られ、殺戮が現実となることを私たちは目の当たりにしたのです。

自衛隊は本来、そのようなときに備えて、日々錬磨しておくべき組織です。災害派遣にあまり時間と労力が割かれてしまうと、必然的に、必要な訓練時間が削られてしまいます。

災害派遣には、「公共性」「緊急性」「非代替性」という3つの要件があります。これを満たすときに都道府県知事らが自衛隊に派遣を要請できるわけですが、活動の内容をよく検証してみると、本当にこの3要件があてはまるだろうか?と首をかしげるものもあります。

例えば、令和元（2019）年9月上旬に千葉県などを襲った台風15号に伴う災害派遣では、自衛官が被災地域の給水・入浴支援にあたったほか、倒木処理、屋根のブルーシート張りや土嚢（どのう）づくりにも活躍しました。ネット上には、撤収する自衛隊の車列に地元住民が口々に「ありがとう」と謝意を伝える映像が流れ、多くの人が心を動かされました。

私も心打たれたひとりでしたが、同時に、これで良いのだろうか、とも思ったのです。確かに、目の前に苦しんでいる国民がいれば助けるのは自衛官の矜持（きょうじ）だと思いますし、その自衛隊に感謝するのは国民として健全な姿でしょう。それ自体、国民と自衛隊の美しい関係であることは間違いないのですが、ただ、それだけで終わってはいけないとも思うのです。

具体的に言うと、前述の災害派遣の3要件、公共性、緊急性、非代替性に照らし合わせて、台風後の倒木処理やブルーシート張りは果たして本当に自衛隊がなすべきことだったでしょうか。自衛隊に頼む前に、「代替」できる存在はなかったのでしょうか。この災害派遣には、知り合いの自衛官も従事していたのですが、言いづらそうに「ライフライン復旧後は、民間企業の仕事を取ってしまっているように感じた」と語ってくれました。自治体が自衛隊を人件費無料の便利屋のごとく利用してしまっている面があるように思えてなりません。

高病原性鳥インフルエンザが過去最悪のペースで猛威を振るっている今シーズンは、鶏の殺処分のために全国各地の養鶏場に自衛官が派遣されています。

かつて阪神・淡路大震災の折には、兵庫県知事による自衛隊への派遣要請が遅れたために、助かる命も助からなかったと非難を浴びました。それを教訓に制度が柔軟になるとともに、四半世紀の時を経て自衛隊に対する国民感情も大きく変化しました。が、今では逆に、「なにはともあれ自衛隊」が度を越して、政治家の点数かせぎに使われているようにも思えます。

ただでさえ人員不足に悩んでいる自衛隊が、大事な訓練時間を割いて災害派遣に当たっています。そうした現実も直視したうえで各自治体は多発する自然災害などに備えて、ふだんから真摯に自助・共助の能力を高めてもらいたいと思うのです。そのためには、各自治体を構成する市民、県民が、自治体にそうした声を伝えることも大切です。

永世中立国スイスの『民間防衛』に学ぶ国防意識

自助・共助の能力が真価を発揮するのは災害時ばかりではありません。戦争が始まって以降のウクライナの映像を思い浮かべればわかると思いますが、爆撃などで家屋やマンションが破壊され、電気や水道のない生活を余儀なくされたとき、やはり、まずは自助、そして共助が必要になります。

永世中立国で知られるスイスは、２０１３年に投票権を持つ国民の73パーセントが「徴兵制の廃止」に反対し、現在も徴兵制による国民皆兵を基盤としています。そのスイス政府がまとめた『民間防衛』という本を見ると、「今日のこの世界は、何人の安全も保障していない。戦争は数多く発生しているし、暴力行為はあとを断たない」と世界の現実を認識しています（『民間防衛―あらゆる危険から身をまもる　スイス政府編』、１９９５年、原書房編集部訳）。

「平和を愛する諸国民の公正と信義に信頼して、われらの安全と生存を保持しよう決意した」と寝言のようなことを憲法の前文に謳っている日本とは真逆の発想です。そして、『民間防衛』は続けます。「自由と独立は、断じて、与えられるものではない。自由と独立は、絶えず守らねばならない権利であり、ことばや抗議だけでは決して守り得ないものである。手に武器を持って要求して、初めて得られるものである」。まさに、これが真実であることは、ウクライナを見れば明らかでしょう。

そして、同書は、「防衛」とは単に軍事的なものだけではなく、「政治的な防衛」「経済的な防衛」「社会的な防衛」「心理的な防衛」があり、例えば「経済的な防衛」の中には、「食糧、原料、エネルギー源の供給を確保して、わが国が、特定の外国や、外国のグループに、経済的に依存せざるを得ないような事態になることを防ぐ」と明言しています。

さらに私が注目したのは、「心理的な防衛」です。「精神的な防衛においては、われわれの独立の意思を弱めようとする外国のイデオロギーの宣伝攻勢に抵抗できるようにするために、正しい情報を国民に提供するように心がける」「国民に対して、民族的な価値に対する正しい認識を持たせ、それを深めさせるように努力する」と書かれています。

戦後の日本が、WGIPによってひたひたと「独立の意思」を弱められ、「民族的な価値」を忘れるように仕向けられ、私自身がその罠にがっつりとはまっていたことを思い起こせば、これがいかに重要なことなのか痛感します。

『民間防衛』には、「自助」のために、非常用の食料として何を何キログラム備えるというような具体例が書かれているばかりでなく、「共助」として地域防災組織をいかに作り、運用していくかも記されています。民間防災組織が活躍するのは、災害のときばかりではありません。有事には戦闘部隊と同時に行動態勢に入るのです。

実際にスイスが侵略され、戦争が始まったと仮定したシミュレーションにも多くのページが割かれています。混乱の中で敵がスイス政府の権威を失墜させるような工作を行い、その工作にはまって「スイスが分裂した場合」と「団結した場合」、それぞれに関する記述もあります。そして、驚いたことに、占領された場合の抵抗運動（レジスタンス）の方法まで書かれているのです。四周を外国に囲まれたスイスが、「国を守る」ことに対してここまで真摯に向き合い、備えているのかと感動を覚えました。

翻って、日本はどうでしょうか？　幸いなことに、日本は島国です。海によって長い間守られてきたことは歴史的にも事実だと思います。しかし、今やミサイルがあっという間に海を越えてくる時代。サイバー戦に至っては、そもそも海など関係ありません。そんな現代にあって、平和ボケしたままで国が存続できるほど世界の現実は甘くないのです。

日本が独立国であり続けるためには、まずは国民一人ひとりが「国を守る」という意思を持ち、同時に自分自身の「自助」能力を上げていかなければならないと私は思います。国民ひとりひとりが強くなったとき、その集合体である日本という国も確実に強くなっていることは間違いありません。

日本を守る、おすすめ行動リスト

最後に本章で提案した、中高生が今すぐできる日本を守るための行動をまとめておきます。できることをぜひやってみてください。

〇拉致被害者救出のため、ブルーリボンバッジを付けよう！
〇農業・水産業に関心を持ち、国産の米・野菜・魚を食べよう！
〇田んぼを蘇らせ、米粉を普及させよう！
〇捕鯨・鯨食は日本の文化。海の生物多様性を守るためにも、鯨を食べよう！
〇林業に関心を持ち、日本の木を使おう！

○日本の山を守るためにも、将来ハンターになろう！
○栄養満点、ジビエ（野生の鹿や猪）を食べて森林を守ろう！
○「生き物力」を身に付け、自助能力を高めよう！
○防災グッズを準備し、家族や友人とシミュレーションしよう！
○皇室に関心を持ち、日本の歴史・文化・伝統を学ぼう！
○国防に関心を持ち、自分にできることを主体的に考えよう！
○学校教育や報道を鵜呑みにせず、自分の頭で考えよう！

あとがき

「10代のころの自分に会えたら、伝えたいこと」をテーマに執筆を進めるうち、いろんなことを考えました。

今の自分がぽんと10代のときの私の目の前に現れたら、かなり刺激の強い存在であろうことは間違いありません。おそらく言っていることの大半は、おいそれとは受け入れられないでしょう。

私自身、いくつかの転機はあったものの、多くの人に出会い、多くの歳月を重ねて今の自分がいます。気付きを与えてくれたのは今を生きている人々ばかりではありません。歴史を紡いできた多くの先人達からもたくさんのことを学ばせて頂きました。

「恩送り」という言葉があります。恩を受けた相手に直接恩返しをするのは難しいですが、そのご恩を別の人にバトンのように送っていくという意味です。

「たかが本一冊」が与えられる影響は限られたものかもしれません。それでも、この本を手に取ってくれた若い人たちが、日本と日本人にとって大切なものを意識し、何を守るべきなのか、そのためにはどうしたらよいのかを考え、ひとつでもふたつでも「実際の行動」につなげてくれたら大変嬉しく思います。

10代の頃の私がこの本を読んだら、「今思っていることとはだいぶ違うけど、この人は実体験をもとに五感で感じたことを語っているな。ちょっと耳を傾けてみようか」、そんなふうには思ってもらえそうな気がしています。

執筆にあたり、根気強く私を支えてくださったビジネス社の近藤碧さん、友人の栗田亥之介さんにこの場を借りて、御礼申し上げます。ありがとうございました。

令和5年5月8日

葛城奈海

参考文献

・『日本人を狂わせた洗脳工作――いまなお続く占領軍の心理作戦（自由社ブックレット1）』関野通夫（自由社）
・『北朝鮮による日本人拉致問題――1日も早い帰国実現に向けて！』パンフレット（政府拉致問題対策本部）
・『自衛隊幻想　拉致問題から考える安全保障と憲法改正』荒木和博・荒谷卓・伊藤祐靖・予備役ブルーリボンの会（産経新聞出版）
・『大東亜戦争　失われた真実――戦後自虐史観によって隠蔽された「英霊」の功績に顕彰せよ！』奥本康大・葛城奈海（ハート出版）
・『別冊宝島　誰も見たことのない日本の領土DVD』（宝島社）
・『正論SP vol・2 天皇との絆が実感できる100の視座』（発行所：産経新聞社、発売所：日本工業新聞社）
・『天皇の島』児島襄（角川文庫）

・『時代を動かした天皇の言葉』　茂木貞純、佐藤健二（グッドブックス）
・『初等科國語　二』（文部省）
・『初等科國語　四』（文部省）
・『初等科國語　八』（文部省）
・『［復刻版］初等科国語［中学年版］』　文部省、葛城奈海解説（ハート出版）
・『日本歴史通覧　天皇の日本史』　矢作直樹（青林堂）
・『天皇』　矢作直樹（扶桑社）
・『入門「女性天皇」と「女系天皇」はどう違うのか　今さら聞けない天皇・皇室の基礎知識』　竹田恒泰・谷田川惣（ＰＨＰ研究所）
・『もっと知りたい　クジラブック』（朝日中学生ウィークリー　総合学習副読本）
・映画『ビハインド・ザ・コーヴ～捕鯨問題の謎に迫る～』パンフレット
・『民間防衛――あらゆる危険から身をまもる　スイス政府編』（原書房）

＜著者略歴＞

葛城奈海（かつらぎ・なみ）

ジャーナリスト・俳優。「防人と歩む会」会長。「皇統（父系男系）を守る国民連合の会」会長。

東京大学農学部卒業後、自然環境問題・安全保障問題に取り組み、森づくり、米づくり、漁業活動等の現場体験をもとにメッセージを発信。ＴＢＳラジオ『ちょっと森林（もり）のはなし』森の案内人（2008～2011年）。2011年から尖閣諸島海域に漁船で15回渡り、現場の実態をレポート。元・防衛省オピニオンリーダー。元・予備三等陸曹（予備自衛官補第一期生）。予備役ブルーリボンの会幹事長。北朝鮮向け短波放送「しおかぜ」でアナウンスを担当。日本文化チャンネル桜「Front Japan 桜」、Channel AJER「初等科国語に学ぶ」他、「三姉妹燦（さん）ＤＡＹ」、ダイレクト出版等の番組に出演中。産経新聞「直球＆曲球」連載中。

著書に『戦うことは「悪」ですか』（扶桑社、第４回アパ日本再興大賞受賞）、『国防女子が行く』（共著、ビジネス社）、『大東亜戦争 失われた真実』（共著）、『［復刻版］初等科国語［中学年版］』（解説）（以上、ハート出版）がある。


日本を守るため、明日（あした）から戦えますか？

13歳から考える安全保障

2023年6月14日　　第１刷発行

著　者　葛城奈海
発行者　唐津 隆
発行所　株式会社ビジネス社
〒162-0805　東京都新宿区矢来町114番地 神楽坂高橋ビル5F
電話　03(5227)1602　FAX　03(5227)1603
https://www.business-sha.co.jp

〈装幀〉中村聡
〈装幀写真〉奥川彰　〈本文イラスト〉植本勇
〈本文組版〉マジカル・アイランド
〈印刷・製本〉中央精版印刷株式会社
〈営業担当〉山口健志
〈編集担当〉近藤 碧

ISBN978-4-8284-2478-1